FAO中文出版计划项目丛书

微生物风险评估系列第37号

新鲜果蔬用水的安全和质量

联合国粮食及农业组织　世界卫生组织　编著

戴业明　于圣洁　刘淑慧　等　译

U0398043

中国农业出版社

联合国粮食及农业组织

世界卫生组织

2023·北京

引用格式要求：

粮农组织和世卫组织。2023。《新鲜果蔬用水的安全和质量》。微生物风险评估系列第 37 号。中国北京，中国农业出版社。https：//doi.org/10.4060/cb7678zh

ISBN 978-92-5-138331-5（粮农组织）
ISBN 978-7-109-31925-7（中国农业出版社）

FAO中文出版计划项目丛书

指 导 委 员 会

主　任　隋鹏飞

副主任　倪洪兴　彭廷军　顾卫兵　童玉娥
　　　　李　波　苑　荣　刘爱芳

委　员　徐　明　王　静　曹海军　董茉莉
　　　　郭　粟　傅永东

ACKNOWLEDGEMENTS **|致　谢|**

联合国粮食及农业组织（粮农组织）和世界卫生组织（世卫组织）谨向所有为本报告编写做出贡献的人表示感谢，感谢他们在会前、会中和会后提供了时间和专业知识及其他相关信息。特别感谢专家小组的所有成员，感谢他们对这个项目的付出，感谢 Ana Maria de Roda Husman 博士担任专家小组主席，感谢 Patricia Desmarchelier 博士对准备最终文件提供的出色支持。所有的贡献者都列在以下页面中。

我们还感谢所有的数据和信息提供者，他们积极响应粮农组织和世卫组织发出的数据呼吁，提供了在同行评审文献或公共信息范围内不易获得的信息。

撰稿人 | CONTRIBUTORS

专家

Priyanie Amerasinghe，国际水资源管理研究所（IWMI）斯里兰卡人类和环境健康高级研究员，斯里兰卡。

Philip Amoah，国际水资源管理研究所西非高级研究员，加纳。

Rafael Amoah，巴西维索萨大学土木工程系环境工程教授。

Ana Maria de Roda Husman，荷兰国家公共卫生和环境研究所人畜共患病和环境微生物学实验室环境部主任。

Dima Faour-Klingbeil，英国普利茅斯大学生物和海洋科学学院研究员，德国 DFK 安全食品环境部的食品安全和监管系统高级专家。

Shay Fout，美国环保局研究和发展办公室，国家暴露研究实验室，暴露方法和测量部，微生物暴露处，高级微生物学家，美国。

Karina Gin，新加坡国立大学土木与环境工程系副教授，新加坡。

Maha Halalsheh，水、能源和环境中心（WEEC）/约旦大学，副研究员，约旦。

Lise Korsten，南非比勒陀利亚大学自然和农业科学学院，植物和土壤科学系教授。

Mohamed Nasr Fathi Shaheen，国家研究中心，环境研究部，水污染研究部，环境病毒学实验室副教授，埃及。

资源人员

Ana Allende Prieto，CEBAS-CSIC，西班牙。

Rob de Jonge，荷兰国家公共卫生和环境研究所人畜共患病和环境微生物学中心。

Patricia Desmarchelier，澳大利亚食品安全委员会，主任。

Elisabetta Lambertini，美国 RTI 国际公司食品安全和环境健康风险首席调查员。现任职于全球改善营养联盟（GAIN）。

Verna Carolissen，粮农组织和世卫组织联合食典秘书处，联合国粮食及农业组织，意大利。

秘书处

Haruka Igarashi，世卫组织，营养和食品安全部，瑞士。
Jeffrey LeJeune，粮农组织，食品安全和质量组，意大利。
Satoko Murakami，世卫组织，营养和食品安全部，瑞士。
Kang Zhou，粮农组织，食品安全和质量组，意大利。

利益声明 DECLARATION OF INTERESTS

所有与会者在会前都填写了一份利益声明。粮农组织和世卫组织认为，从会议的目标来看，它们不存在任何冲突。

所有的宣言以及任何更新的内容都在会议开始时向所有与会者公布并提供。所有专家都是以个人身份而不是以国家、政府或组织的代表身份参加会议。

ALOP	适当级别的卫生防护或可接受的风险水平	MPN	最可能数
		MST	微生物源追踪
CAC	食品法典委员会	NASBA	核酸测序碱基扩增
CCFH	食品卫生法典委员会	NGS	下一代测序
CP	控制点	NoV	诺如病毒
Ct	消毒剂浓度的产物（例如游离氯）和与被消毒水的接触时间	pAdV	猪腺病毒
		PCR	聚合酶链式反应
		PO	绩效目标
DdPCR	数字液滴聚合酶链式反应	PRP	先决条件项目
DALY	伤残调整寿命年	qPCR	实时定量聚合酶链式反应
DNA	脱氧核糖核酸	RA	风险评估
FAO	粮农组织	RM	风险管理
FC	耐热（或粪便）大肠菌群	RNA	核糖核酸
FFV	新鲜果蔬	RV	轮状病毒
FIB	粪便指示菌	RT-PCR	逆转录聚合酶链式反应
FSO	食品安全目标	TAPCs	总需氧嗜冷细菌计数
HACCP	危害分析与关键控制点	TC	总大肠菌群
HAdV	人类腺病毒	SaV	萨瓦病毒
HAV	甲型肝炎病毒	SSP	卫生安全计划
HEV	戊型肝炎病毒	USA	美国
hPyV	人类多瘤病毒	USEPA	美国环保局
JEMRA	粮农组织和世卫组织微生物风险评估专家联席会议	WHO	世卫组织
		WSP	水安全计划
LAMP	环介导的等温扩增	WGS	全基因组测序
LRV	对数减少值	WWAP	联合国世界水资源评估方案
mAB	单克隆抗体		

执行概要 |EXECUTIVE SUMMARY

在食品法典委员会第 48 届会议上，该委员会注意到水质和安全在食品生产和加工中的重要性。委员会请粮农组织和世卫组织为食典文本中指出的使用"清洁水"的情况提供指导。例如，在使用过程中不会损害食品安全的水，以及在哪些情况下适合使用"清洁水"。特别是就灌溉水和"清洁"海水的安全使用以及加工水的安全再利用寻求指导。

为促进这项工作，粮农组织和世卫组织成立了一个核心专家组，并召开了两次专家会议（2017 年 6 月 21—23 日，荷兰比尔托芬；2018 年 5 月 14—18 日，意大利罗马）。前两次的会议报告已于 2019 年出版（粮农组织和世卫组织，2019）。为跟进会议期间提出的跨领域问题，2019 年 9 月 23—27 日在瑞士日内瓦召开了另一次专家会议。下文概述了第三次会议的审议情况和产出。

本次会议的目的是就微生物标准和参数制定明确而实用的指导意见，以确定在新鲜果蔬收获前和收获后生产中使用的水是否"适用"。还考虑了可在收获前和收获后采取的实际干预措施，以在当水不符合"适用"要求时降低食品安全风险。

在新鲜果蔬生产过程中，水被用于各种用途。在从生长阶段到最后消费的每个连续步骤中，后一步骤使用的水的微生物质量或安全标准应该比上一步的要求更高，或至少等同。例外情况是，在食用最终产品之前，会进行一个有效病原体减少处理（去除、灭活或杀死）。任何在新鲜果蔬生产链环节中使用过的水，即使是经过常规处理和消毒的水，也可能含有人类病原体，尽管浓度较低。应进行适合国家或当地生产环境的风险评估，以评估与特定水源或供水有关的潜在风险，从而制定适当的风险减轻策略。

应使用基于风险的方法来确定新鲜果蔬安全生产所需的水质微生物标准，需考虑以下方面：

- 水用于预期用途的可用性和适用性、使用方法和生产阶段，以及水有意或无意与食物接触的可能性和程度；
- 新鲜果蔬的类型（如与土壤接触、长有藤蔓或枝干）和特征（如多叶蔬菜、网纹瓜），新鲜果蔬的生产系统（如田间、水培）及其预期用途（如通常是生吃还是熟吃，是否去皮）；

- 水与新鲜果蔬可食用部分的保水性和接触时间；
- 在食用前的每次水接触之后，病原体的减少或扩散或致使新鲜果蔬污染的可能性。

在评估输入到新鲜果蔬生产链中的水的潜在健康风险时，可以使用一些定性和定量的微生物水质指标。这些包括但不限于直接检测病原体的存在，更常见的方法是，通过对可以推断出病原体存在的微生物群进行计数，间接确定病原体的存在。这些微生物在本报告中被称为指示微生物，包括粪便指示菌、指数和模式微生物，以及过程控制的指示微生物。在新鲜果蔬的生产链中，粪便指示菌的存在被用来指示不卫生的条件、存在粪便污染或卫生控制措施执行失败。新出现的证据表明，这种病原体或指标关系中可能出现不一致的情况。多种分析方法可用于评估新鲜果蔬生产用水的微生物污染程度。评估微生物质量的微生物学方法的选择应基于有效的测试方法，并考虑到当地的能力和可用资源。

在应用微生物分析方法来评估水安全风险和进行微生物质量趋势分析时，选择病原体存在和指示微生物的计数、微生物目标和可接受限度的采样计划应与构成的风险成比例，并满足风险管理目标。例如，在基线水质评估期间，不同参数适用于不同目标，例如，在验证减排技术性能的同时验证控制措施是否按预期运行。当考虑在水安全使用风险评估中或在新鲜果蔬生产链风险管理计划中使用微生物分析时，应考虑以下几点。

- 没有一种水质指示微生物适合或适用于所有水类型，对于某些水类型，甚至可能没有一种有用的指标。

- 目前，没有任何指示微生物或替代物能够可靠地预测粪便病原体的发生或数量，因为细菌指标通常是粪便污染的替代测量指标，而不是对病原体本身进行测量。通过使用指示物，无法准确预测受污染的粪便物质中特定的粪便病原体的存在及浓度。人们普遍认为，粪便污染的指示微生物，特别是大肠杆菌和肠球菌，是很有用的，大肠杆菌已被广泛用于监测饮用水质量。大肠杆菌和肠球菌作为粪便指示菌也将在食品生产用水方面有广泛而有用的应用。

- 噬菌体，特别是雄性特异性噬菌体和类杆菌特异性噬菌体，已被发现是人类粪便污染的有效预测因子。它们可用于病毒还原水处理的验证和确认。虽然它们的存在与人类致病性病毒的存在没有特别的关联，但在地下水中，它们可能是检测病毒发生的很有用的一般指标。目前，还没有关于水或土壤中的寄生虫（如原生动物、线虫和绦虫）的有意义的指标（间接测量）。

- 在严重污染的水域中，指示微生物和病原体之间的相关性更强，但当污染水平较低时，这种相关性并不明显，在生物学上也没有参考价值。

　　定量微生物风险评估是建立基于人类健康目标的量身定制水质标准的宝贵工具，适合作为食用作物用水，如生吃的新鲜果蔬。现有的世卫组织指导方针为根据既定的卫生目标或假定值进行计算提供了模板（世卫组织，2016b）。然而，需要适当的数据进行定量微生物风险评估。定量微生物风险评估只能以实际的病原体测量值或假设值为基础进行，不能基于指示微生物浓度。新鲜果蔬初级生产的每个地理区域都有各自特点，无法将新鲜果蔬生产和加工中的水质目标与饮用水供应中的水质目标相提并论。例如，这些特征可能包括各国不同的环境和社会文化条件、国家和地方传统的初级生产实践、不同的供应链动态、个别国家的法规和监督水平，以及污染物的不同污染和暴露途径。

　　为了应用"适用"概念来成功地生产安全的新鲜果蔬，从农场到消费者的整个链条中应用的风险管理系统和控制措施必须是互补的、严格的和始终遵循的。在新鲜果蔬供应链中使用的水质标准应在国家食品和水法规及准则的框架内制定，并考虑到当地的资源、基础设施和能力。

CONTENTS **|目　录|**

1 简 介

1.1 背景情况

在第 48 届会议上，食品法典委员会注意到水的质量和安全在食品生产加工中的重要性。食品法典委员会要求粮农组织和世卫组织食品法典文本中对使用"清洁水"（即在使用过程中不损害食品安全的水）的情况提供指导，以及在什么情况下适合使用"清洁水"。特别是寻求对灌溉水和"清洁"海水的使用以及对加工水的安全再利用的指导。

为促进这项工作，粮农组织和世卫组织成立了一个专家组，并召开了两次专家会议（2017 年 6 月 21—23 日，荷兰比尔托芬；2018 年 5 月 14—18 日，意大利罗马）（粮农组织和世卫组织，2019）。

对关于以下方面用水和安全的现行指南和知识进行审查：①新鲜果蔬收获前和收获后；②渔业产品（收获后）；③在设施中再利用水，以及确保水和食品供应安全的风险管理方法（粮农组织和世卫组织，2019）。这些审查提供了背景信息，供专家们在制定以上方面安全用水的适用概念和决策支持系统方法时进行参考。

专家们确定了跨领域的挑战，特别是在以下领域：

- 需要对在食品生产和加工系统中使用和重复使用的安全水的微生物质量标准应用进行指导。以下是一些例子：

  ➤ 对于价值链上食品工业中使用的各种类型的水，缺乏用于验证核查、操作和监督监测的指导。

  ➤ 需指出的是，不同国家主管部门采用的标准也不一致。

  ➤ 指示微生物最常被用作水中病原体（细菌、病毒、寄生虫）检测的替代方法；然而，对于危害范围内最合适的指示微生物种类或组别并没有普遍共识，其科学依据也存在争议。

  ➤ 目前证据表明，在评估食品安全中水的安全利用和再利用时，仅凭大肠杆菌数量来衡量水质并不合适，因为现存的细菌并不能替代可能存在的细菌、病毒和寄生虫的多样性。

- 对经水引入的微生物危害的行为和持久性缺乏了解；水与不同种类食品，以及食品供应链不同环节不同环境的相互作用；在这些环节中采取降低风险措施以改善水质的有效性；以及对水再利用中不可预见的污染的担忧。
- 用于实现这一目的的风险评估可采用的定性和定量数据非常有限，在某些地区根本不存在。
- 需要采用教育和培训工具宣传基于风险的方法及其概念的价值，如适用水，以便在食品生产中进行有效的水风险管理，以保障食品安全。

1.2 会议的目标

本次会议的目的是就微生物标准和参数制定明确和实用的指导，这些标准和参数可用于确定水是否"适用"于新鲜果蔬收获前和收获后的生产。会议还审议了当水不符合"适用"要求时，可在收获前和收获后采用的实际干预措施，以降低食品安全风险。

会议的主要目标是：
- 提出使用微生物检测来评估用于不同类型的新鲜果蔬和初级生产的各种类型水的安全性。
- 描述使用这些测试来评估水的适用性的优势和缺陷。

在处理这些目标时，考虑了新鲜果蔬是在食用前煮熟还是生吃；使用的灌溉方法（如滴灌与喷灌和架空灌溉）以及水的用途（如收获前和收获后、农产品清洗、清洁、工人个人卫生等）。

这次会议包括以下内容：
- 审核在风险管理中使用的微生物检测方法，即：
  - 细菌指标（如大肠杆菌、耐热大肠菌群、芽孢子等）。
  - 检测或统计可能被水传播的特定微生物（病原体或非病原体）。
  - 噬菌体或其他病毒。
  - 基于非培养的微生物学方法，如聚合酶链式反应（PCR）、全基因组测序（WGS）、微生物组分析。
- 审核微生物和宿主来源追踪，以确定微生物污染的来源。
- 审查微生物水质参数的推荐阈值，以应用于安全和风险效益表，该表可应用于农业食品生产中使用的不同用途的水（特别是新鲜果蔬），以评估该水是否达到或超过将新鲜果蔬食品安全风险降至最低的质量要求。
- 根据污染类型（如动物粪便、野生动物、土地径流、未经处理的污水、人类活动等），对输入水的食品安全风险进行排序。
- 考虑采取切实可行的干预措施，对中低收入国家用于新鲜果蔬生产的水进行

2

处理，以实现其消费者可接受的健康保护水平（不包括仅用于出口的新鲜果蔬），考虑将提高水质安全的干预措施，与新鲜果蔬的安全处理与加工（如烹饪）、食品安全教育相结合是可取的。

- 在收获前或收获后的可用水超过可接受的安全标准（如收获停止期，产品再加工，消费者关于食品安全处理/准备的建议）时，列举和评估降低新鲜果蔬食品安全风险的干预策略。

2 食品法典委员会的食品安全风险管理和世卫组织的水质管理

食品法典委员会提供了关于新鲜果蔬生产，包括用水中微生物风险的管理准则和行为守则（粮农组织和世卫组织，2017），以及世卫组织关于饮用水质量（世卫组织，2017a）和废水（世卫组织，2006a）的准则。本章概述了与本次会议相关的各种微生物风险管理方法。

2.1 食品法典委员会的食品安全风险管理

食品法典委员会为各国政府提供了一个总体风险分析框架，以确保在风险管理、风险评估和风险沟通的基础上保护公众健康免受食源性疾病的影响（粮农组织和世卫组织，2007）。食品法典委员会为风险管理者在处理涉及已知或疑似食源性危害的食品安全问题时提供了原则和指南（粮农组织和世卫组织，2013）。对所关注的特定病原体或多种病原体组合进行风险评估，有助于确定基于科学信息的客观而系统的风险管理过程，并提供与所带来风险相适应的风险管理方案。主管当局可确定人群中可接受的疾病发生水平（每年的疾病数量）或与所关注的特定食源性病原体有关的目标。一个国家的健康目标在全球食品贸易中被称为适当级别的卫生防护或可接受的风险水平（ALOP）（粮农组织和世卫组织，2008）。风险管理者可通过使用风险评估和相关剂量-反应关系调整可接受风险水平，以得出一个更实用的目标。例如，在食用时或在食物链早期，食品中的微生物浓度或毒素水平可分别用作食品安全目标或性能目标。

《食品卫生法典通则》为确保食品卫生提供了一般原则，并为进一步制定针对特定商品的行为准则和指南奠定了基础（粮农组织和世卫组织，2020）。这些原则遵循一种系统性方法，包括从初级生产到最终消费的整个食物链。在食物链的每个阶段，应使用基于先决方案、卫生和良好农业实践等的管理系统，并尽可能应用基于危险分析与关键控制点的系统，以确保食品卫生和安全（粮农组织和世卫组织，2020）。

《食品法典》专门针对新鲜果蔬制定了《卫生操作规范》。该规范涉及从初级生产到包装的操作实践，以与所构成的健康风险相称的方式，提供了将微生物危害降至最低的指导。该规范认识到，需要灵活应对全球范围内广泛的产品和生产系统（粮农组织和世卫组织，2017）。

在新鲜果蔬生产链中使用的水，可能是消费产品中病原体的潜在来源。因此，必须评估用水对公众健康的风险。需要考虑的因素包括：水的微生物质量，供应链环节和用水方式，水是否接触或渗透进新鲜果蔬可食用部分；食品的最终食用方式（如是否煮熟）；以及风险降低措施的有效性。风险评估是一种有价值的方法，可以帮助风险管理者识别并集中资源用于食品安全潜在的高风险领域。特别是，风险评估可以帮助识别控制点，即在过程中应控制水质和其他参数的步骤或位置，根据食品安全目标要求显著减少或防止新鲜果蔬中的微生物危害。

《食品法典》在《新鲜果蔬卫生操作规范》（粮农组织和世卫组织，2017）中提到，在收获前和收获后生产阶段，应使用微生物和化学质量适合其"预期用途"的水。《食品法典》规定，如果新鲜果蔬产品消费前不会被采取进一步的病原体减少措施，在收获后的最后阶段，应使用"饮用"或"可饮用"质量的水。食品法典委员会将饮用水定义为"符合世卫组织饮用水质量指南所述饮用水质量标准的水"。此类水质的水可从市政供应商处获取并由其管理，或以其他方式处理；在这些情况下，直接适用世卫组织对饮用水的定义（世卫组织，2017a）。在下文中，术语"饮用水"是按照这一解释使用的。

2.2 世卫组织水质管理

在世卫组织支持下，饮用水中微生物危害的风险管理也同样得以开发，饮用水的许多风险管理原则都是基于食品安全风险管理中使用的原则。世卫组织建议采用全面的风险评估和风险管理方法，包括供水系统中从集水到用水的所有步骤，作为持续确保饮用水供应安全的最有效手段（世卫组织，2017a）。这些方法被称为水安全计划（世卫组织，2009）。水安全计划的构思来自其他风险管理方法，特别是多重屏障方法和食品工业中常用的危害分析与关键控制点系统。水安全计划以基于健康的目标为指导，并通过对供应系统的监测进行监督。

健康饮用水供应的目标是基于对水质安全性的判断和对水传播危害的风险评估。可使用四种类型的可测量目标：健康结果（如以伤残调整寿命年表示的疾病可耐受负担）、水质（如化学危害的指导浓度）、性能（如通过干预使病原体数量减少）和特定技术（应用确定的处理过程）目标。已经制定了一系列指导文件，以帮助政策制定者、工程师和供水商在不同环境下实施水安全计划

（世卫组织，2011b，2017a，2017b，2017c）。

2.3 将世卫组织水质管理与法典中的食品安全风险管理相结合

在食品生产中，由于全球水资源日益短缺，各地可供饮用的优质水有限，且成本较高，因此人们不能在食物链中只使用饮用水或可饮用水。当前和未来的缺水问题，加上人口增长、气候变化和地下蓄水层的不可持续利用和开发，将对全球粮食生产构成重大挑战。此外，在粮食生产中通常需要过量和重复使用大量的水。因此，地下水、地表水和非常规水源，如再生水、灰水、微咸水和废水，被越来越多地用来应对日益严峻的缺水挑战。然而，严格管理这些水源仍然是减少食品安全风险的当务之急（世卫组织，2016a，2006a）。此前，粮农组织和世卫组织微生物风险评估联席专家会议（JEMRA）就这一主题建议，食品生产链中使用的水应"适用"，以生产安全食品（粮农组织和世卫组织，2019）。据提议，将"适用"概念应用于食品安全风险管理系统，以及世卫组织对饮用水和其他水质类型的风险管理方法中，风险管理者可以从中获益。例如，为了在农业中安全使用废水、排泄物/粪便和灰水（世卫组织，2006a），采用了基于风险的方法，应用了卫生安全计划（世卫组织，2016a）。水安全计划还应用于通过废水再利用来生产和提供安全饮用水（世卫组织，2017b）。

水和食品安全风险管理策略已各自独立发展。虽然有类似的目标和原则，但也存在差异，在许多国家，水和食品供应的风险管理通常由不同的主管部门监督。所使用的术语可能会有所不同，即使其含义相似。例如，《食品法典》将食品安全定义为"确保食品在按照预期用途准备和食用时不会对消费者造成伤害"（粮农组织和世卫组织，2020）。食品质量是一个与消费者的需求或期望相关的更广泛的概念，它可以是"客观和主观的"，包括营养质量、环境保护、地理起源、当地传统、道德和社会素质、动物福利等要素（粮农组织，2020a）。同样，根据世卫组织指南定义，安全饮用水是"一个人终身饮用，也不会对健康产生明显危害的饮用水，在生命不同阶段人体敏感程度发生变化时，也是如此"（世卫组织，2017a）。然而，饮用水质量是指通过保护或改善饮用水质量，从而改善人类健康的指导目标值。

为了帮助本书更加清晰了解有关概念，附件1中提供了一个用于确保食品和水安全的通用术语表。

3 适用水和果蔬生产

　　水在新鲜果蔬生产链中被广泛使用。水在不同的地方被用于不同的目的，水质必须适合每个特定的目的。本章讨论了水的使用和确定水"适用"时的考虑因素。

3.1　水质和预期用途

　　从微生物学的角度看，饮用水是指符合所需微生物质量标准的水，以确保其安全饮用。即它"在一生的饮用过程中不会对健康构成任何重大风险"（世卫组织，2017a；见附件1）。饮用水理论上可以在新鲜果蔬生产链各个阶段用于任何用途，而不受食品安全限制。替代的非饮用水被认为可能带来污染，在食品生产中受到使用限制。水污染可来自各种来源，如土壤、工业废物和粪便（农场动物和野生动物、人类），其中粪便是食源性病原体的最直接来源。不同类型的水受到粪便污染的可能性不同，一般来说，不同水源受到微生物污染的风险按照以下从低到高的顺序增加：①受保护的雨水；②从深井收集的地下水；③从浅井收集的地下水；④地表水；⑤未经处理或处理不当的废水（世卫组织，2012；见第三章）。正如第二章所述，在整个新鲜果蔬生产链和某些阶段（如种植和灌溉），以及某些非食品接触目的（如消防和蒸汽生产），仅使用饮用水是不可行和不实用的，如果消费者健康风险得到评估和充分管理，就可以使用非饮用水。

　　必须基于对特定病原体和产品用途的健康风险评估（第四章）来确定特定用途新鲜果蔬生产中所需要的水质，并在使用点和当时的环境下适合特定用途。为了获得尽可能安全的新鲜果蔬，应该在从农场到消费者的整个生产链中不断提高水的微生物质量。

3.2　初级生产

　　在食品法典新鲜果蔬卫生操作规范中，初级生产包括新鲜果蔬的种植和收获，所涉及的步骤包括"整地、种植、灌溉、施用肥料和农业化学品、田间包装和运输到包装机构"（粮农组织和世卫组织，2017）。在这些活动中，水被用于各种用途，在每种用途中，水质情况应该是已知的、适用的，根据危害分析与关键控制点原则进行管理。用水的目的和方法、生产阶段和可用的水类型、水的储存和分配卫生，都可能会影响用水的风险结果（世卫组织，2006a）。新鲜果蔬类型也会影响所需水量和水质的水平。从微生物学角度看，对于通常熟食（和安全处理）的新鲜果蔬来说，没有水质要求的规范，因为烹饪可以在食用前提供一个杀灭病原体的步骤。对于（可能）生吃或少量加工的新鲜果蔬，水的微生物质量是非常重要的。影响新鲜果蔬微生物安全的相关收获前因素包括灌溉方法、水和植物接触时间以及最后一次灌溉和收获之间的时间间隔。减少甚至避免灌溉水与新鲜果蔬可食用部分接触的灌溉方法（如局部或地下灌溉）可以减少新鲜果蔬接触病原体的可能性（CPS，2014；Solomon 等，2002）。间接（底土）灌溉方法可以使用比直接灌溉方法（如微喷、高架或滴灌）更低的水质。另外，在最后一次灌溉和收获中间，如果存在有效的病原体杀灭阶段，则可以在灌溉环节使用较低水质的灌溉水（欧盟，2017；CPS，2014）。

除非另有说明，否则将根据 Suslow（2010）以及粮农组织和世卫组织（2017）的出版物对新鲜果蔬链中存在病原体传播潜在风险的一些主要用水进行描述。

（1）农药、化肥和其他施用品

在种植过程中，水被作为肥料、杀虫剂和其他化学品的管道或载体，这些化学物质通过叶面喷雾喷洒到植物的地上部分。

（2）除尘

水可用于控制未铺砌的农场通道和控制缓冲区的灰尘，以尽量减少将灰尘扩散到未收获或已收获的新鲜果蔬、设备和收获后处理区。

（3）霜冻保护

霜冻保护是为了保护敏感植物不受霜冻或冰冻的伤害，方法是在霜冻前用连续施用水或含水保护剂形成的冰来隔离植物和果实。该解决方案可以使用洒水器、微型洒水器、表面灌溉和人工雾化等方式应用在植株的上方或下方。

（4）灌溉

新鲜果蔬生产中使用了不同的灌溉方法，它们与灌溉水和植物可食用部分之间不同程度的接触时间有关，因此病原体通过水污染的风险水平也不同（Brouwer 等，1985）。例子包括：

- 漫灌（畦灌），几乎所有土地表面都被浸湿。
- 仅部分地表被浸湿的沟渠。
- 高架灌溉和喷灌，土壤和作物像降雨一样被打湿。

- 地面灌溉，土壤表面仅被轻微润湿（如滴水）。
- 地下灌溉，使用埋在地下的管道使底层土壤浸透。
- 局部灌溉，以可调节的速率向每株植物的根部区域施水。

当微生物在某些条件下暴露于受污染的水中时，可在新鲜果蔬中内化、存活并在植物内进一步转移（美国食品药品监督管理局，2017a）。内化可通过气孔发生，进入花蕾和花朵，通过茎、茎疤或花萼进入果实，或通过对新鲜果蔬天然结构的损伤（如切口、裂口、伤口、土壤斑点）发生。很少有研究表明可通过植物的根部内化。内化发生的程度取决于接种体的压力（Standing 等，2013），许多信息是在水培或温室环境的实验研究中获得的。这一现象在收获后的处理中似乎是一个更重要的问题，当一些新鲜果蔬（如甜瓜）浸泡在水中时，可能会发生渗透。还有，水和新鲜果蔬之间的负温差和真空系统形成的外部压力可以推动这一进程（Macarisin 等，2017）。

（5）水培和气培生产系统

水培和气培生产系统是指植物分别在天然土壤以外的生长介质中生长，或悬浮在其中生长。所有的营养物质都溶解在灌溉水或喷雾液中，并定期供应给植物或其根部。

3.3　收获后处理

在食品法典新鲜果蔬卫生操作规范中，收获后的活动被描述为在包装过程中附带进行的活动，可能涉及新鲜果蔬的轻量改造，如清洗（可能包括漂洗）、分拣、扑杀、分级、切割和修剪（粮农组织和世卫组织，2017）。在收获后处理新鲜果蔬时，产品可能会与水接触，或者保持干燥。

一般来说，在收获后的最终处理过程中，直接接触新鲜果蔬的可食用部分或新鲜果蔬接触表面的水应该具备饮用水质量（粮农组织和世卫组织，2017）。然而，所使用的水的质量取决于操作阶段：例如，在最初的清洗阶段可以使用清洁水，而在最后冲洗阶段，水应为可饮用水（粮农组织和世卫组织，2017）。下面提供了收获后在各种活动中处理新鲜果蔬的用水范例。

（1）包装厂接收

抵达包装厂后，可以在运输车辆上用含有消毒剂的水冲洗田间收获的水果，这些水可以循环使用以减少用水量。大型自卸罐可用于接收卸载的水果，以减少水果损坏，并通过水槽系统将其运送到包装车间。应该注意的是，这些水箱中的水确实可能会导致产品的交叉污染。

（2）冷却

收获后冷却新鲜果蔬可提高其质量并延长保质期。冷却方法包括：用冷水喷淋新鲜果蔬，将浸泡的水果通过冷水浴或使用冰块来冷藏。这些方法可以帮助清洁产品。然而，该过程有可能将病原体污染从产品转移到水或冰上，再从水或冰转移到产品上，除非通过消毒和定期监测对水或冰的质量进行有效控制，否则会对产品造成影响。只要保持同样的水质，冷却水就可以再循环使用。还应考虑冰的微生物质量，以避免潜在的污染。

(3) 使用水槽输送

水槽是带有流水的槽，通过悬浮的方式在工艺步骤之间运送产品，从而最大限度地减少产品损坏，同时清洗和冷却产品。水可能会循环使用，从而导致这些系统中可能会产生微生物的积聚。因此，必须参照上述"冷却"过程对水质进行管理。

(4) 清洗

清洗可以去除新鲜果蔬上积聚的土壤、有机碎屑、化学残留物和渗出物，这些物质在视觉上不可接受，或可能含有人类病原体。无论使用何种清洗方法，水都不应该引入病原体污染，也不应该在清洗过程中引发交叉污染。与生吃产品接触的水的微生物质量必须使用食品级消毒剂来保持有效浓度，以防止交叉污染，并且必须监测其浓度。需要确定水中的最低残留浓度，以避免清洗过程中的交叉污染。可能还需要控制和监测其他参数，以确保所使用的特定消毒剂的功效，如温度、pH（氯基消毒剂）、浊度等。

(5) 加工（蜡，作为一种添加成分）

食品级蜡、杀菌剂、钙处理剂和可食用涂层可通过水浸泡或喷雾嘴应用于某些水果。使用蜡是为了减少水分流失和改善外观，因为天然蜡在清洗和清洁操作中可以被去除。

(6) 保鲜

可以给新鲜果蔬喷水以保持产品的水分含量，防止枯萎并延长保质期。对于某些作物（如西兰花），也可以用冰块包装来保持保质期。

(7) 水的其他用途

个人卫生（洗手）。应为工人提供可饮用水质的水，以确保其保持良好的个人卫生。

设备和设施的卫生。对设备和设施表面的维护和消毒需使用可饮用水质的水，因新鲜果蔬将直接与其接触。用于非接触表面的水质可低于饮用水。

3.4 结论

● 水在整个新鲜果蔬生产链中的不同使用点用于不同用途。每个用水点都可能出现与可能存在的多种风险因素有关的特定微生物风险。

- 饮用水质量最安全；然而，并不需要在整个新鲜果蔬链中都使用饮用水。水可以从许多不同来源获得，这些来源水中含有的微生物质量可能不同，并呈现不同类型和水平的微生物风险。

- 无论在哪里使用水并与新鲜果蔬接触，都必须根据风险来选择水的质量，使其适用，且在使用过程中不应引入微生物风险或增加风险水平。

- 在新鲜果蔬的初级生产过程中，无论是在土壤还是替代栽培系统中，水都被广泛用于灌溉、其他园艺活动和收获活动。需要进行风险评估，以确定水是否适用。风险管理人员在此阶段要考虑的一些风险相关因素包括可用水源（废水、地表水、井水、收集的雨水等）的微生物质量、使用方法（例如，不同的灌溉方法导致不同的病原体暴露水平）、分配（设备、管道）和储存（池塘、水箱）的卫生、与植物的可食用部分的接触以及接触持续时间。

- 相反，收获后，与新鲜果蔬的可食用部分或食品接触表面接触的水应为可饮用水质，并在加工过程中应监测并保持质量，以避免增加最终产品的微生物污染水平。非饮用水可用于非食品相关用途；然而，该系统必须与饮用水供应及其使用有效分离。

4 相关风险评估方法概述

在本节中，讨论了在新鲜果蔬生产链的食品安全风险管理过程中可能采用的不同风险评估方法，重点关注与用水相关的健康风险和确定水在使用点是否适用。这些方法基于食品法典准则（粮农组织和世卫组织，2013，2014）以及世卫组织水安全管理准则（世卫组织，2017a）。

水在新鲜果蔬生产中的许多不同步骤中使用，从农场的生长阶段开始，在新鲜果蔬链上可能存在多个涉水控制点，直至消费（粮农组织和世卫组织，2017）。重要的是要记住，控制点不仅包括首次用水，还包括在整个新鲜果蔬生产和供应链中保持适用的水质，例如在水再利用的应用中，或在同一生产阶段的一定时间内使用相同水质的水。

含微生物的水质变化广泛迅速，且不可预测。世卫组织（2017a）强调了以下注意事项：

在建立基于健康的水目标时，应注意考虑短期事件、水质波动以及"稳态"条件。这在制定性能目标和特定技术目标时尤其重要。短期水质可能会严重恶化，例如在大雨之后和维护期间。灾难性事件可能会导致水源水质严重恶化，使许多处理过程的效能降低，甚至产生系统故障，从而大大增加了疾病暴发的可能性。类似事件为水安全中长期确立的"多重屏障原则"提供了更多的理由。

应食品法典委员会要求，粮农组织和世卫组织编制了一系列文件，被称为微生物风险评估系列。这些文件支持开展风险评估，并将风险评估应用于有证据表明与食源性疾病有重大关联的各种食品的风险管理，以保护公众健康和促进贸易。这些信息可从粮农组织（粮农组织，2020b）和世卫组织（世卫组织，2020）的网站上获得。风险评估管理系列第 36 号（粮农组织和世卫组织，2021）提供了食品中微生物危害的风险评估指南，包括定性、半定量和定量的风险评估。

世卫组织（2016b）对与水安全相关的微生物风险定量评估方法进行了广泛的审查。该指南阐述了应用微生物风险定量评估与饮用水、废水和再生加工

12

用水途径中粪便病原体相关风险的四步框架（世卫组织，2016b），以及在水安全计划下使用风险评估来保护地下水（世卫组织，2006b）和地表水（世卫组织，2016a）。

读者可参考粮农组织和世卫组织的这些出版物，了解有关风险评估方法的详细信息。本章概述了与新鲜果蔬生产安全用水有关的主要方法。

4.1 风险评估方法和适用水

（1）风险评估方法

目前有一系列广泛的风险评估方法和工具，提供了一个从简单定性到完全定量的连续风险评估过程。它们的应用范围和规模从特定产品病原体扩展到多重危害的病原体，从特定地点扩展到区域甚至整个食品网络。附件2中提供了基于世卫组织指南的风险评估方法比较（世卫组织，2016b），世卫组织所描述的水安全主要风险评估方法包括：

- 定性卫生检查：对供水处或附近可能对水质造成危害的可观察到的特征和条件进行现场视觉评估。
- 风险矩阵：对危险事件发生的可能性和危险的严重性或后果进行定性或半定量评估，并将相关评估综合为一个分类的风险分数或等级。
- 微生物风险定量评估：一种水系统的机械数学模型，或者是一种经验方法，结合了一些定量科学知识。这些定量科学知识包括病原体的产生情况和性质、它们的潜在用途和运输方式，接触人类的途径及接触可能对人类健康产生的影响，以及天然屏障、工程屏障和卫生措施的影响。

就输入的信息数量和输出风险评估的定性或定量性质而言，定性风险评估模型是一种处于风险矩阵和微生物风险定量评估之间的方法。它们通常有助于识别系统组件和与风险有关的步骤，但只对每个步骤所产生风险情况进行定性估计。这种定性估计表现为风险增加、风险减少或风险水平平稳。除了机制性风险方法外，相关的流行病学研究，如队列研究和病例对照研究，也可以有助于确定需要考虑的风险因素，或大规模干预的有效性。

（2）风险评估方法选择

风险管理者选择风险评估方法，在确定水何时适用于食品生产时，应考虑多个因素（世卫组织，2016b）。

- 该方法应为风险管理者提供所需的信息，作为知情、循证的风险管理决策或制定风险管理政策的依据。
- 该方法应在拥有资源（人员、技能、分析和实验室设施、获得资助机构）的情况具备实施可行性。

- 是否可以根据由合理预期获得足够的数据或信息类型（如供水系统的知识、危害和危险事件的类型、暴露途径、指示生物或病原体的水质数据）来进行可靠的风险评估。

在水资源评估中选择应用风险评估是基于持续改进的指导原则。在资源有限情况下，可以先开发出一个初步有效的风险评估工具，而不要因为等待更好的改进方法，例如等待更进一步的专业知识、数据和分析，而延误工作。目前有一些简单的评估工具只需要定性的输入。例如，对河水是否适用于新鲜果蔬清洗进行渐进式调查评估，可以先从对水的视觉评估和对可能影响其质量的潜在污染源的审查开始。应确定并比较可以使用的替代水源。这一过程可能会导致后续问题，但可以通过以下增补信息来回答，例如：

- 风险因素：上游流域有大量的牛群牧场，对使用点水质的潜在影响是什么？
  ➢ 水质检测：根据采样结果，河水的水质比替代浅井水好还是差？
  ➢ 季节性影响：春季的河水微生物质量是否与夏季不同？
- 潜在的干预措施：是否可以在没有任何额外预防措施的情况下将河水用于新鲜果蔬清洗，或者需要采取何种干预措施来提高其质量和降低风险？

2018 年，在罗马举行的 JEMRA 食品生产水质会议期间（粮农组织和世卫组织，2019），专家们审议了如何在最简单的农场和加工层面上切实实施基于风险的方法。专家们讨论了决策支持过程的使用问题，并编写了实例。这些信息旨在供当地监管机构、风险管理者或农业推广人员使用，他们应该熟悉当地的新鲜果蔬产业链和生产实践，并能够对法规和指南进行解释。然后，他们可以翻译、指导和支持当地新鲜果蔬种植者和加工者在他们各自的机构中进行基于风险和证据的决策。决策支持工具可通过决策树和风险降低选择表来体现，可在微生物风险评估系列第 33 号中查阅（粮农组织和世卫组织，2019）。

随着可获取资源增加，进一步的数据可以沿着从定性到定量的连续过程反复进行风险评估，并将观测变量和检测变量进行整合。随着时间的推移，更详细和全面的风险评估可能有助于更准确地识别和确定潜在的风险降低措施，并确定其优先顺序，实施循证实践或政策，从而减少风险暴露。应该指出，定量方法在降低风险方面未必更有效。此外，定性和定量的变量或观测结果不一定相互排斥，可以相互补充（如卫生检查和水样指示微生物计数）。因此，资源优先排序应同时考虑风险评估和风险管理目标，并认识到风险评估是针对具体环境的。在某些情况下，与广泛的数据收集或先进的微生物定量风险评估相比，将重点放在实施风险降低措施和验证其正常运作上，可能更能促进公共卫生目标的实现。然而，结合水传播疾病的流行病学监测，监测水质和风险评估将有助于实现基于健康目标的评估进展，并可能指导进一步行动。

4.2 定性风险评估：卫生检查

定性风险评估是基于描述性或观察性信息作出的评估，目的是评价水安全事件的可能性和严重性。在许多国家，定性风险评估已被广泛用于支持小型供水系统中高度优先风险因素的识别和管理；加强对供水系统（技术、操作、当地条件和实践）的理解；识别潜在的污染源和污染途径，从而提出改进措施和需额外增加的控制手段。在世卫组织相关指南中，公共饮用水系统和卫生系统的水安全计划包括对河流、湖泊和地下水等一系列水资源的卫生检查（世卫组织，2005）。卫生检查通常以标准化表格或清单为基础，以确定可能危害水资源的最常见风险因素。对小型供水系统而言，这种方法已被作为简单而有效的工具不断推广，并且成为小型供水系统水安全计划的一部分（世卫组织，2016b）。当在新鲜果蔬生产中采用带有先决方案和基于危害分析与关键控制点的风险管理计划时，有些步骤与水安全计划有相似之处，如进行危害分析和确定控制点（粮农组织和世卫组织，2020，见附件1）。新鲜果蔬加工过程中的用水以及设备设施的清洁用水，将被纳入先决方案及危害分析与关键控制点产品流程图中。

卫生检查可重复开展，以确定风险因素和风险水平随时间推移而发生的变化，检查结果有助于评估改进措施的影响。卫生检查结果既可用于独立供应系统，也可作为更大规模监测计划的一部分来应用，并为区域和国家决策提供参考。同时，卫生检查评分可与微生物监测结果相结合，如粪便指示菌或噬菌体的出现或数量，并以这种方式逐步获得更多的相关变量和定量信息。应当指出的是，卫生检查和其他定性风险评估方法是基于对食品系统和水污染过程相对简单但全面（定性或半定量）的了解而开发的用户友好型工具。它们管理起来可能很简单，但开发起来却不一定简单，因为它们需要对食品和水污染过程有充分的了解。

在《种植更安全果蔬的五大关键》（世卫组织，2012）中可以找到一个定性风险评估的例子，其中将灌溉水源的微生物污染风险从低到高进行了排序：①受保护的雨水；②从深井收集的地下水；③从浅井收集的地下水；④地表水；⑤未经处理或处理不当的废水（世卫组织，2012）。只需确定水源，就能评估与预期用途相关的潜在风险。

世卫组织和联合国儿童基金会（2012，2017）在评估饮用水质量时也间接使用了定性风险评估方法。按照观察到的特征，将水源分为改良水源或未改良水源，具体如下：

● 改良水源因其设计和建造性质而具有提供安全用水的潜力，例如自来水供应（即在住所、院子或小区中安装自来水的用户；或从一个或多个水龙头分配的公共用水）和一些非自来水供应（即井眼、受保护的水井和泉水、雨水、

15

包装水或运输的水）。

● 未经改良的水源包括未受保护的掘井、泉水以及地表水。

在将水源归类为"改良水源"时，需要对不同国家的供水系统及其差异性有透彻的了解，也要了解当地的供水系统，不应假定其水质与饮用水相同。根据《饮用水质量快速评估手册》（联合国儿童基金会和世卫组织，2018；世卫组织和联合国儿童基金会，2012）中的描述，可以使用水质测量和卫生检查对"改良或未改良"的分类加以补充。

4.3　半定量风险评估

半定量风险评估更系统地评估水源中危害健康的可能性和严重性，与定性风险评估相比，半定量风险评估需要更多信息和专业知识。半定量风险评估已被纳入世卫组织与水有关的若干准则，可单独使用，也可作为水安全计划（世卫组织，2009）和卫生安全计划（世卫组织，2016c）等更综合方法的一部分来使用。对此世卫组织指南提出了以下建议：

● 半定量风险评估适用于有明确监管环境的组织，适合已经熟悉先决方案和危害分析与关键控制点计划或类似框架的团队。

● 水安全计划和卫生安全计划要求规划团队利用自己的知识和判断力，对可能发生在供水系统中的每个危险事件进行可能性和严重性评级。接着将可能性和严重性评级综合形成每个事件的总体风险评级或分数（如低、中、高评级，或不确定和未知，或一个数字分数）。然后根据风险等级对多个危险事件进行比较，并对其进行排名或优先级排序。

● 团队需要就可能性（例如，什么是"不太可能"、"有可能"和"非常可能"）以及严重性（例如，轻微或严重）的明确定义达成一致，并根据供水系统和当地情况、历史数据和相关指引，以及将潜在的健康影响、监管影响和对社区或用户认知影响等更广泛的因素纳入考虑范畴，统一应用这些定义。

● 在评估严重性时，要考虑危害的类型、程度及相关的健康后果。但是，保障公众健康的原则在任何情况下都不应受定义的限制。

4.4　微生物风险定量评估

微生物风险定量评估是一种定量机理建模方法或经验方法，用于估算已识别的微生物危害和暴露途径对健康产生的不利影响和风险（世卫组织，2016b）。微生物风险定量评估可以采用确定性算法，但如采用概率方式，考虑变量和参数的变异性和不确定性时，生成的风险结果分布将更有效。世卫组织饮用水质量准则为识别和量化与水传播病原体有关的健康风险，以及建立基于健康目标的水处理技术提供了丰富的资料（世卫组织，2017a）。此外，在世卫组织关于农业和水产养殖中安全使用废水、排泄物和灰水准则中，微生物风险定量评估是风险评估的重要方法之一（世卫组织，2006a）。

值得注意的是，当数据不足或数据正在累计中时（如未经处理的水中的病原体水平），微生物风险定量评估可能需要依靠假设来进行质量管理评估。随着数据的增多，有必要对模型和提供的估计值进行迭代更新。世卫组织对水安全管理中与水有关的微生物风险定量评估的应用提供了详细指导（世卫组织，2016b）。暴露风险评估，即对暴露事件或限定时间内摄入的病原体数量进行估计，结合对感染过程的认知，在缺乏可靠的剂量-反应关系的情况下，也可用作风险管理措施选择的基础。不过，目前尚未制定指导这一过程的准则。

在水安全计划中实施微生物风险定量评估的例子可以在以下文件中找到：《饮用水质量指南》（世卫组织，2017a）、《农业废水使用指南》（世卫组织，2006a）、《微生物风险定量评估：应用于水安全管理》（世卫组织，2016b）、《评估家庭用水处理方案：基于健康目标和微生物性能规范》（世卫组织，2011a）、《再生水饮用回用：安全饮用水生产指南》（世卫组织，2017b）。卫生安全规划中也实施了类似的方法（世卫组织，2016c）。

4.5　结论

- 进行风险评估的工具多种多样，从简单到复杂，从定性到定量；食品法典委员会、粮农组织和世卫组织提供了有关食品和水供应风险管理的指导和应用。

- 当风险评估作为全面风险评估和风险管理系统的一部分时，其效果最佳。对于新鲜果蔬生产而言，风险评估和风险管理系统应涵盖整个新鲜果蔬生产链，从任何种类水供应系统的源头或供应商到各个使用点，可以通过应用先决方案、基于危害分析与关键控制点计划以及水安全计划进行评估。

- 在生产新鲜果蔬的地区，专业知识水平、基础设施和可获得的数据会有很大差异。应选择一种既能提供可接受的结果，同时又在当时当地条件下切实可行的方法。

- 随着限制性因素的改善，可以过渡到更复杂的风险评估方法，这些方法可能信息量更大，假设和不确定性也更少。

- 使用简单的风险评估工具并不意味着会降低所采取的风险管理措施的效用，也无需一直等待数据完备后再使用，结合定性和定量数据也可能提供最有效的评估，应根据具体情况考虑。

5 在新鲜果蔬生产中的用水案例

如前所述，在新鲜果蔬产业链中，并非必须完全使用饮用水水质的水（第2.3节）。但是，在产业链的特定阶段，用于特定目的的水质应该适合该目的（第三章）。初级生产和收获后阶段使用的水可从各种来源获得，水质也各不相同，例如废水、灰水、地表水、地下水和雨水，这些水是否经过处理取决于其用途。饮用水可能来自市政供水。收获后阶段使用的水可重复使用，或在同一生产阶段的某一时间内使用相同的水（如用于灌溉、收获后加工以及非产品接触活动）。水源和供水可能受到微生物、化学和放射性污染物的潜在污染（世卫组织，2017a）。本书的重点是水中可能污染食物的致病性微生物。

不同来源的水被病原体污染的可能性各不相同，从未经处理或处理不当的废水，到地表水、浅层地下水、深层地下水和屋面雨水，再到安全收集的雨水和饮用水，污染等级逐级递减（世卫组织，2017a）。表1显示了Karst（2010）在不同水源中检测到的诸如病毒浓度范围的例子。

表 1 不同水源中诺如病毒的浓度

来源	范围（GC[①]/升）	参考资料
原废水	$>2 \times 10^2$ 至 10^9	Katayama 和 Jinjé，2017
废水排放物	$>10^1$ 至 $>10^6$	Katayama 和 Jinjé，2017
地表水	2.8×10^{-1} 至 3.3×10^4	Katayama 和 Jinjé，2017
地下水	N.D.[②] 至 4.3×10^2	G. S. Fout，未发表的数据

资料来源：Karst，2010。

①GC：基因组拷贝。

②N. D.：未检测到。

本章简要概述了水的大致类别，说明了潜在的微生物危害、处理系统、所选处理方法灭活或消灭病原体的能力、所选处理方法对病原体的对数降低值或灭活值，以及这些方法的优缺点。

5.1 废水

世卫组织（2016b）将废水定义为"从家庭、商业场所和类似来源排放到独立处置系统或市政下水管道的液体废物，其中主要包含人类排泄物和使用过的水。主要由家庭和商业活动产生的废水被称为市政废水或生活污水。在这种情况下，生活污水不含可能对下水道系统、污水处理厂、公共卫生或环境的运行构成威胁的工业废水"。

- 工业废水是在生产和工业过程中产生的液体废物。
- 原废水是指任何未经处理的废水，其中含有人类产生的废物，包括粪便、尿液和工业废物。
- 经过处理的废水或再生水是指经过处理以降低有机物和人类病原体浓度的废水。有些处理过程还能减少氮和磷等化学物质含量。

根据废水的来源，废水主要由以下几大类成分组成：

- 有机物、无机物（溶解的矿物质）。
- 化学品，包括有毒化学品，如杀虫剂和药品，或来自工业加工的重金属。
- 微生物，如细菌、病毒、原生动物孢囊、蠕虫，包括病原体。

据估计，全球48%的废水是未经处理就排放到环境中的（Jones等，2021）。废水是水和养分的来源，有可能用于植物生长（世卫组织，2006a）。如果废水未经处理、处理不当或部分处理，它也会成为危害健康的潜在因素，其中包括可在废水、作物和土壤中长时间存活的病原体，增加了危害人类的可能性。因此，从保障健康考虑，需要采取风险降低措施或增加保护屏障来降低病原体水平，如单独对废水进行处理，或者更常见的是与其他风险降低措施相结合。

5.1.1 风险降低措施和废水利用

为了在新鲜果蔬生长阶段安全利用废水，需要将多重风险降低措施结合起来（世卫组织，2006b，第二卷）。这些措施包括作物限制、废水施用技术等，最大限度减少对新鲜果蔬可食用部分的污染；在废水利用和新鲜果蔬收获、安全食品制备、废水处理期间有一个允许病原体死亡的滞留期。

（1）传统废水处理工艺

传统废水处理包括化学、物理和生物过程及操作，去除有机物、固体物质和营养物质。以下是不同处理程度的工艺，依据处理水平从低到高来排序（世卫组织，2006a；粮农组织，1992）。

初步处理

初步处理的目的是去除无法处理的固体物质，以及其他未经处理的原废水中通常存在的不可处理的固体和其他大块物质（Mara，2003；Tchobanoglous等，2003）。这一步骤对后续处理的运行和维护是必要的。

一级处理

一级处理是通过沉淀法去除可沉淀的有机或无机固体，同时通过撇渣去除漂浮物，以减少生化需氧量，降低总悬浮固体、油和油脂的含量（世卫组织，2006a）。经过初级沉淀装置排出的水称为一级出水（粮农组织，1992）。

二级处理

二级处理的主要目的是去除一级处理中残留的有机物和其他的悬浮固体（世卫组织，2006a）。粮农组织（1992）将二级处理描述为"好氧微生物（主要是细菌）在有氧条件下进行的好氧生物处理，这些微生物会代谢废水中的有机物，从而产生更多的微生物和无机终端物"。二级处理中使用的许多微生物和残留固体通过沉淀法从处理过的废水中分离出来，释放出澄清的二级出水。二次沉淀和一级处理过程中去除的生物固体可用作植物肥料（美国环保局，2003；粮农组织，1992）。污泥中含有病原体，需要采取额外的处理工艺，或在施用后至新鲜果蔬收获之间设置时限（美国环保局，2003）。一些二级处理系统，如人工湿地和池塘，在去除病原体方面相当有效（世卫组织，2006a）。

厌氧消化是一种替代性生物处理方法，在无氧条件下分解有机物，并通过将有机废物转化为甲烷和二氧化碳气体来生产能源（Chernicharo，2007）。

三级处理

三级处理是一系列额外的步骤，用来对二级处理无法去除的成分进行进一步去除或使其减少，包括病原体和营养物质。三级处理可能涉及某些类型的化学处理（如使用臭氧、次氯酸、过氧化氢等氧化剂）、物理化学处理（如通过过滤、混凝、反渗透、活性炭吸附有机物等）以及其他消毒方式。通过三级处理之后的废水再进行排放时，对湖泊、河流起到了额外的保护作用，若废水被再利用于灌溉粮食作物或用作饮用水时，三级处理尤为重要（Gerba 和 Pepper，2019）。

（2）减少病原体

未经处理的废水中排出的病原体在全球范围内会随当地疾病流行病学的变化而变化，在某些地区往往无法测量（世卫组织，2006a，第一卷）。废水处理所能减少的病原体数量取决于病原体的种类，如细菌、病毒、原生动物孢囊和蠕虫卵。世卫组织（2006a）估计，通过废水处理可减少1～6个对数的病原体，并提供了不同废水处理工艺所减少的病原体数量的参考范围。

5.2 灰水

世卫组织（2006a）将灰水定义为"来自厨房、浴室或洗衣房的废水，通常不含大量排泄物"。灰水的主要微生物危害来自与粪便物质的交叉污染（世卫组织，2006a）。灰水的收集需要处理或铺设管道，使其与从厕所收集的废水和排泄物完全分开。灰水可以从一个住宅中收集，也可以将一个社区的所有住宅连接到一个收集系统中进行收集。虽然灰水含有极少量的粪便或尿液，但这些污染物的含量会随着连接住宅数量的增加而增加。Ottoson 和 Stenström（2003）报告称，瑞典的一个灰水系统中含有每人每天 0.04 克的粪便物质。Baker 和 O'Toole（2019）报告称，食用来自单个家庭的灰水灌溉的莴苣不会带来诺如病毒感染的风险。Shi、Wang 和 Jiang（2018）也报告说，灰水回用的风险远远低于世卫组织的基准（每人每年 10^{-6} 个伤残调整寿命年）。

5.2.1　风险降低措施和灰水利用

灰水的粪便含量通常是废水粪便含量的千分之一至百分之一，病原体含量也比废水低（世卫组织，2006a）。在灰水中，大肠杆菌有时会重新生长，因此在风险估计和验证监测中使用该指标时需要谨慎（世卫组织，2006a）。在新鲜果蔬生产中使用灰水时，要实现健康目标，需要采取多种降低风险的措施。这些措施包括灰水处理、作物限制、灰水施用技术，以最大限度减少对新鲜果蔬可食用部分的污染；在灰水利用和新鲜果蔬收获、安全食品制备、灰水处理期间，有一个允许病原体死亡的滞留期（世卫组织，2006a）。

处理选项包括简单的措施，例如土壤渗透、砾石过滤、人工湿地和池塘，或更复杂的砂过滤、混凝或絮凝、生物处理等，类似于标准废水处理（世卫组织，2006a）。

减少病原体

世卫组织（2006a，第四卷）根据灰水系统中测得的粪便交叉污染情况估计，灰水处理中可达到的病原体减少水平为 3～5 个对数单位。

5.3　地表水

世卫组织（2006a）将地表水定义为"所有天然向大气开放的水（如河流、溪流、湖泊和水库等）"。地表水的水源来自降水、径流和地下水。微生物危害可通过地表径流和地下水间接流入地表水，也可以通过农业、水产养殖、定居点、未经处理的废水和雨水、商业和工业废水以及娱乐文化活动等来源的排放和径流直接流入地表水（世卫组织，2016a）。

污染这些地表水源的微生物危害可能包括一系列人类和动物排泄的病原体，其中一些是人畜共患的食源性病原体，可能在生产过程转移到新鲜果蔬中。特定地区所关注的病原体会因当地流行性疾病、文化习俗、当地工业性质以及疾病控制措施的性质而有所不同。地表水污染情况可能很复杂，多种风险因素同时发生并相互作用，从而影响病原体的存在和分布（世卫组织，2016a）。

影响水中病原体浓度的风险因素包括人口密度、降水量和水温。显而易见，随着人口增加，在既定时间内排放病原体的人数就会增加。这些病原体将通过污水排放、下水道溢流和城市径流影响地表水质量。根据对废水中的肠道病毒研究，Brinkman 等（2017）估计，每天有 2.8% 的人口向废水中排放病毒。根据每月取样，废水中的病毒浓度范围为每升 3.8～5.9 个对数单位当量。一般而言，废水处理对病毒的去除效果不如对细菌的去除效果好（Haramoto 等，2006；Flannery 等，2012），但细菌和病毒病原体都会通过废水进入地表水。降雨会通过径流影响地表水。在下水道合流制溢流的国家，雨水稀释后的未处理的污水会绕过处理，直接流入地表水。城市径流可流入污水处理厂或直接流入地表水。未经处理的径流会将病原体带入地表水，休闲冲浪者的健康风险增加就证明了这一点（Dwight 等，2004）。水温会影响病毒的存活。通常，病毒在低温条件下存活时间更长（Chenar 和 Deng，2017；Lee 等，2015）。

除了城市径流和下水道合流制溢流外，影响地表水污染的其他因素还包括废水处理程度以及处理排污口与农场取水地点之间的距离。随着废水处理水平的提高，地表水受污染的风险将降低。其他污染源包括下水管道和厕所的渗漏以及粪便，尤其是在化粪池设计或操作不当的情况下所产生的粪便外溢或渗漏（Borchardt 等，2011）。由于存在这些污染源，在世界上一些地区甚至很难找到没有粪便污染的小溪。

5.3.1　减少风险的措施和地表水使用

在新鲜果蔬生产中，使用地表水时所需的风险降低措施可通过应用水安全计划来确定和管理，它综合了地理位置、新鲜果蔬类型和生产系统的具体情况（世卫组织，2016a）。还需要设置多重保障措施，包括谨慎选择和保护地表水源，以及开展储水等措施（世卫组织，2016a）。科学选择使用方法（如灌溉类型），最大限度减少可食用部分的暴露，以有效降低微生物污染风险（粮农组织和世卫组织，2017）。地表水体是市政和农业用水的供应来源。饮用水供应的处理工艺将在"5.5 市政用水"中讨论。

5.4　地下水

地下水是地表下岩石或底土中的水。地下水的一个子类别是泉水，即从地下自然流出的水。地下水提供了全球约 97% 的淡水（世卫组织，2006b）。在世界许多地区，地下水都是饮用水的重要来源，在地表水稀缺或受到污染的地方，地下水可能是唯一且最重要的饮用水源（世卫组织，2006b）。地下水可以提供经济的饮用水。与地表水相比，地下水是一种更稳定、水质更好的水源，可能无需处理即可饮用。然而，地下水也会受到微生物污染。

影响地下水病原体污染的独特因素包括当地的水文地质和取水井的深度，例如从地表附近的水位到地下深处的水位。获取地下水最简单的方法是用水桶从人工挖出的露天井孔中取水。如果不注意防止地表水进入井口，这种地下水应作为地表水处理，因为它同样容易受到污染。

可以钻井取用浅层地下水，如果施工得当，地表水不会直接影响这些水井的水质。然而，由于病原体可以穿过土壤进入地下水，特别是在没有表层土或表层土下的土层粗砂，或卵石含量较高的情况下，浅层水就会受到细菌和病毒的污染（Fout 等，2017）。

如果可能，应将水井尽可能钻到与地下水位相隔的沉积层中，该沉积层不透水。然而，由于地下水文地质多种多样，即使是深井也可能受到细菌和病毒病原体的污染。

与地表水类似，地下水的微生物质量也受到多种复杂的相互作用的自然、动物、人类活动及工业因素的影响（世卫组织，2016b）。因此，必须区分污染风险相对较高的浅井地下水和深井水。

5.4.1　风险降低措施和地下水使用

所需的风险降低措施与地表水一样，可通过水安全计划来确定和管理（见5.3.1）。保护水源和输水系统免受动物和人类活动的污染，防止地表水进入地下水等，都是重要的风险降低措施（世卫组织，2006b）。在世界许多地方，地下水不经任何处理就被用作市政用水，但可以采用多种处理方法来改善其微生物质量。对水质极差的地下水，可使用市政用水的常规处理方法进行处理（见5.5）。在某些系统中，对地下水采用不同的水消毒处理方法（如氯化、臭氧、紫外线处理等）进行消毒。美国许多家庭使用过滤器和软水处理。然而，大多数家庭的过滤系统不会降低病毒浓度，水软化器也不会影响病原体浓度（G. S. Fout，个人通信）。

5.5　市政用水

市政用水可以通过水龙头、容器或水罐车分配系统等方式供应给社区。这些水通常在处理厂进行处理，并在分配过程中进行水质监测，以确保其符合饮用水法规要求。在一些社区，居民可以使用个人水井。市政用水的来源多种多样，例如大型地表水（如河流）、深井、湖泊或水库（见5.3）以及地下水系统（见5.4）。

5.5.1 风险降低措施和市政用水

饮用水供应的水安全计划从水源一直延伸到用水点，在整个过程中都需要采取风险降低措施，包括选择最高质量的水源，保护所选水源，以及在新鲜果蔬生产中适当使用5.3.1和5.4.1中讨论的地表水和地下水源。

有些地下水系统无需任何处理工艺即可满足饮用水的所有监管要求，而有些地下水系统，特别是受地表水影响的地下水，需要通过消毒或额外的处理步骤进行处理。地表水系统更容易受到污染（见5.3）。国家和地区法规可要求对地表水进行处理以达到规定目标（世卫组织，2017a）。

市政用水可根据对原水（一般指采集于自然界的水）的风险评估情况，首先在中央水处理厂进行处理，然后进行检测以使其水质符合法规要求，再通过管道输送至工业和居民家中，或者在管道供应以外的环境中进行处理。

根据原水水质的不同，可能需要采用多种处理工艺（如混凝、絮凝、沉淀、过滤）和消毒，才能使水达到饮用水的微生物标准（世卫组织，2017a）。不同微生物群之间、微生物内部以及不同处理工艺可达到的病原体减少水平各不相同。可将这些处理方法合并使用，以提供多重保障。

世卫组织（2017a）提供了大型社区规模水处理厂处理过程中肠道细菌病原体可达到的对数减少值（LRV）的示例，见表2。

表2 大型社区水处理厂的水处理技术和消毒剂剂量
所达到的肠道细菌病原体对数减少值

处理工艺	不同病原体组别的对数减少值		
	细菌	病毒	原生动物孢囊
初步处理	0.2至>6.0	>2.1至8.3	1.0～2.3
混凝、絮凝和沉淀	0.2～4.0	0.1～4.0	0～2.8
过滤	0.2至>7.0	0至>6.5	0.3至>7.0
初级消毒[①②]			
氯气	2（Ct_{99}[③]，0.04～0.08 分钟·毫克/升 5℃；pH 6～7）	2（Ct_{99}，2～30 分钟·毫克/升；0～10℃；pH 7～9）	2（Ct_{99}，25～245 分钟·毫克/升；0～25℃；pH 7～8；主要是贾第虫）
二氧化氯	2（Ct_{99}，0.02～0.3 分钟·毫克/升；15～25℃；pH 6.5～7）	2（Ct_{99}，2～30 分钟·毫克/升；0～10℃；pH 7～9）	2（Ct_{99}，100 分钟·毫克/升）

（续）

处理工艺	不同病原体组别的对数减少值		
	细菌	病毒	原生动物孢囊
臭氧	2（Ct_{99}，0.02分钟·毫克/升）	2（Ct_{99}，0.006～0.2分钟·毫克/升）	2（Ct_{99}，0.5～40分钟·毫克/升）
紫外光	4（0.65～230毫焦/厘米^2）	4（7～186毫焦/厘米^2）	4（<1至60毫焦/厘米^2）

资料来源：世卫组织，2017a。

注：①化学消毒。给出了达到2个LRV的Ct值。

②紫外线照射。给出了达到4个LRV的紫外线剂量范围。

③Ct值：由浓度（C）×接触时间（t）产生的减少水平（x）。

家庭可使用类似的技术和热灭活方法来处理非管道供水或管道供水出现故障时的水，其中一些方法可能会使对数减少值更高（世卫组织，2017a）。

用于灭活水中病原体的消毒剂可能会形成化学副产品（世卫组织，2017a）。然而，世卫组织（2017a）指出，"与消毒不充分带来的风险相比，这些副产品对健康造成的风险极小，因此在试图控制这些副产品时不要损害消毒功效"。

有关风险降低措施的更多信息，如管理管道输送系统中的微生物水质，见世卫组织（2017a）。

5.6　雨水

雨水本身不会或者很少受到人类病原体污染。然而，在雨水收集、储存和使用过程中，它可能会受到大气污染，微生物质量也会下降（世卫组织，2017a）。水安全计划通常不适用于家庭使用雨水。世卫组织（2017a）建议进行卫生检查，并使用设计良好的收集系统，包括干净的集水区、受保护的储存和卫生处理方法，这样可以减少健康风险。

5.7　结论

● 任何类型的水，即使是经过常规处理和消毒的市政用水，都可能受到人类病原体（细菌、病毒或寄生虫）的污染，尽管不同地点的病原体和污染程度不同。

● 不同类型的水受到病原体污染的可能性相同。一般来说，从未经处理或处理不当的废水、地表水、浅井、深井和屋顶径流水，到安全收集的雨水和饮用水，都会受到污染。

- 不同类型和质量的水可用于新鲜果蔬生产的各个步骤，但前提是这些水必须符合要求，并通过水安全计划和基于危害分析与关键控制点进行严格管理。

- 在新鲜果蔬生产链中，水质管理至关重要，因为水会接触到新鲜果蔬的可食用部分。并且，在食用新鲜果蔬之前，生产链中没有进一步降低病原体风险的步骤。

- 基于风险管理计划的特定水源，其所需的风险降低措施可能多种多样。许多措施是综合了多重屏障方法，包括对水源的干预、与特定新鲜果蔬品种和消费者处理新鲜果蔬相关的收获前后的实践等。

- 风险降低措施可能包括使用水处理技术。水处理技术的功效因水的类型、目标病原体和用水计划而异。可以综合使用各种措施，以使多重屏障方法中实现的对数减少值最大化。

- 无论使用何种水安全系统，都应监测风险降低措施的执行情况，并根据需要采取纠正措施，以纠正偏差。

6 为衡量水质的微生物指标确定量身定制的阈值

指示微生物长期以来一直被用作测量水中是否存在病原体的替代方法（Ashbolt 等，2001）。根据与病原体存在的相关性，将指示微生物分为三类：粪便指示菌、一般（过程）微生物指标以及模式生物。Ashbolt 等（2001）对这三类分别进行了定义：

- 粪便指示菌。一组表明有粪便污染存在的生物，如耐热大肠菌或大肠杆菌。它们只能推断可能存在病原体。
- 一般（过程）微生物指标。能证明某一过程有效性的生物菌群，例如氯消毒的总异养菌或总大肠杆菌。
- 模式生物。表明病原体存在和行为的群体或生物，例如大肠杆菌作为沙门菌的指标，F-RNA 大肠杆菌噬菌体作为人类肠道病毒的模型。

本节将讨论微生物监测和选择粪便指示菌来进行水的微生物测量面临的挑战，以及在新鲜果蔬生产过程中如何应用这些指示微生物指标。

6.1 粪便指示菌和水传播的病原体

多数情况下，粪便指示菌具有双重甚至多重功能，可用于多种用途，包括：作为粪便指示菌，指示水中存在粪便及粪便污染程度；作为过程微生物指标，指示水处理（如过滤、消毒）或农产品加工（如洗涤、消毒）等过程的控制水平和有效性；如前所述，也可作为模式生物。

世卫组织（2017a）规定，作为粪便污染和水中潜在粪便病原体存在的有效性指标，粪便指示菌应具有以下特性：

- 大量存在于人类和动物粪便中；
- 不在自然水域中繁殖；
- 以类似于粪便病原体的方式在水中持续存在；
- 数量高于粪便病原体；
- 以与粪便病原体类似的方式对处理过程做出反应；

● 易于通过简单、廉价的培养方法检测。

由于没有一种生物能满足所有这些要求，因此没有理想的粪便指示菌。不同的粪便指示菌适用于不同的病原体类别、水源和使用环境。对于水中是否存在原生动物孢囊（如贾第虫、隐孢子虫、环孢子虫），以及是否存在比细菌和病毒更具抵抗力的蠕虫或虫卵，目前还没有合适的指标。因此，如果怀疑水中存在这些寄生虫，需要进行专业检测，以确定处理方法。大多数情况下，根据水的类型很难将指示微生物与肠道病原体联系起来（Ashbolt 等，2001）。

表3列出了用来评估水质微生物的粪便指示菌和过程微生物指标各自的优缺点。读者可参考世卫组织出版物（2017a）、Ashbolt 等（2001）以及 Figueras 和 Borego（2010）以获取更多信息。

（1）大肠杆菌和耐热（或粪便）大肠菌群

源自哺乳动物和鸟类胃肠道的大肠杆菌和粪便大肠菌群通常被用作粪便指示菌，即使耐热（或粪便）大肠菌群包括非粪便来源的细菌。微生物源追踪可用于区分人类和动物宿主来源（见7.3）。它们具有双重功能，既可作为粪便指示菌，也可作为用于验证水消毒处理的过程指标。

（2）总大肠菌群

广义的总大肠菌群包括粪便和非粪便来源的细菌。总大肠菌群在环境中很常见，因此，它们不是衡量粪便污染或人类病原体实际或潜在存在的良好指标。总大肠菌群主要用作评估卫生和输水系统完整性的过程指标。

（3）肠道肠球菌群

肠道肠球菌群（如屎肠球菌、粪肠球菌、耐久肠球菌和海氏肠球菌）符合粪便指示菌的许多要求，尽管其在粪便中的浓度低于大肠杆菌。它们还可用作水传播病原体的替代物（过程指标）。需要微生物源追踪来确定粪便来源（见7.3）。

（4）产气荚膜梭菌

产气荚膜梭菌是一种存在于粪便中的厌氧芽孢杆菌。多年来，产气荚膜梭菌被广泛用作一般粪便指示菌。然而，对该物种基本分子生物学的研究结果与它普遍存在于不同宿主的粪便污染源中的观点相矛盾（Vierheilig 等，2013）。由于孢子在环境中具有抗性，并且与某些相关寄生虫的大小相似，因此它们被用作原生动物的指标。产气荚膜梭菌被用作验证水消毒处理的过程指标。

（5）噬菌体

现在人们普遍认为，粪便指示菌对预测水中是否存在致病病毒并无用处，而噬菌体和某些病毒群被认为是环境法规中的替代指标（世卫组织，2017a）。噬菌体是在细菌内感染和复制的病毒。这些病毒与人类病毒有许多共同特性（如组成、形态、结构和复制模式），因此是评估肠道病毒在水环境中的行为，及其对处理和消毒过程敏感性的有用模型或替代物（世卫组织，2017a）。因此，噬菌体具有双重功能，既可作为粪便指示菌，也可作为模式生物。

（6）大肠杆菌噬菌体

以大肠杆菌和密切相关的物种作为宿主。体细胞型和 F-RNA 型大肠杆菌在温血动物的胃肠道中复制更为频繁。尽管体细胞型大肠杆菌也能在水环境中复制，但这种可能性极低，因此其在环境中的复制作用不会影响水环境中检测到的大肠杆菌数量（Jofre，2009）。F-RNA 型大肠杆菌的血清学亚型与人类或动物粪便污染有关。尽管与受污染水体中的粪便指示菌相比，大肠杆菌与病毒性病原体的存在有更好的相关性，但 McMinn 等（2017）在对已发表数据的回顾中发现，在其他水源中找不到这种相关性。这与一项汇总分析研究结论一致，该研究使用了 12 个地下水源的数据，发现大肠杆菌和病毒之间没有直接关联（Fout 等，2017）。当存在粪便指示菌或肠噬菌体时，通常不存在病毒；但当不存在粪便指示菌或肠噬菌体时，也会存在病毒，因此它们之间缺乏关联性。尽管缺乏明确的相关性，但当存在粪便指示菌或肠噬菌体时，病毒出现的可能性也更高。

（7）拟杆菌属噬菌体

拟杆菌属噬菌体具有用于粪便来源追踪的潜力（Wu 等，2020）。拟杆菌属是专性厌氧菌，大量存在于人类和动物的胃肠道中，比大肠杆菌的数量还多。环境中氧气水平的提高会使拟杆菌迅速失活。相比之下，拟杆菌属噬菌体对不利条件更有抵抗力（Teixeira 等，2020）。交叉组合噬菌体，也被称为 crAssphages，被建议用作粪便和过程指标，以去除废水中的病毒。根据 Wu 等（2020）的研究，交叉组合噬菌体与污水处理过程中的腺病毒和多瘤病毒分子指标密切相关。

表 3　水质中常见的粪便指示微生物的优劣对比

指示微生物	优　势	劣　势
大肠杆菌	• 在包括人类在内的哺乳动物肠道中发现的总大肠菌群的一种 • 通常被认为是粪便污染的最合适指标 • 表明最近有粪便污染，可能有病原体存在	• 不区分人类和动物的粪便污染 • 可能不适合作为病毒、原生动物孢囊和蠕虫卵的指标，因为持久性较差 • 大肠杆菌可以在环境水域中复制
耐热（或粪便）大肠菌群	• 表明环境污染和潜在的粪便来源	• 一些耐高温的菌类（如克雷伯菌）可能不是来自粪便 • 可能不适合作为病毒和原生动物孢囊的指标 • 可能发生再生长

（续）

指示微生物	优 势	劣 势
总大肠菌群	• 衡量水的污染程度和卫生质量 • 总大肠菌群测试呈阳性后，可进行耐热（或粪便）大肠菌群和大肠杆菌测试	• 不一定说明有粪便污染
肠道肠球菌群	• 对粪便污染相对敏感的肠道亚群 • 往往比大肠杆菌在水环境中存活时间更长	• 存在的数量低于粪便中的大肠杆菌数量 • 已被证明可以在环境中复制
产气荚膜梭菌	• 以前的粪便污染指标和受到间歇性污染的来源 • 用来评估处理系统对病毒和原生动物孢囊的有效性	• 在一些动物粪便中的流行率和数量高于人类 • 在许多其他温血动物的粪便中较少出现 • 粪便计数通常大大低于大肠杆菌 • 原水中的计数通常很低 • 孢子存活时间可能比肠道病原体更长
噬菌体 （大肠杆菌，拟杆菌属）	• 用作粪便指示菌的替代品；根据目的选择 • 因与人类病毒有许多共同特性，如组成、形态、结构和复制模式，可作为环境中人类病毒病原体的替代物，来评估处理系统的有效性 • 微生物源追踪工具（见 7.3），其中一些是专门用于针对人类粪便 • 评估人类肠道病毒在水环境中行为的模型或替代物	• 噬菌体（持续的）与肠道病毒病原（仅在感染期间）的排泄模式不同 • 一些噬菌体的检测和计数方法比其他噬菌体和粪便指示更复杂和昂贵 • 在污水和污染的水环境中，一些细菌属的数量相对较少 • 一些拟杆菌属的噬菌体在水中表现出低存活率

资料来源：Figueras 和 Borego，2010；Ashbolt 等，2001；Saxena 等，2015。

6.2 灌溉水

关于灌溉水的微生物污染，广义上直观地看，指示微生物的数量越多，病原体污染的风险就越高。然而，很难确定指标与病原体之间比率的精确数字，此外也很难设定一个明确阈值，根据该阈值标准来确定是否会出现病原体。

灌溉水中粪便指示菌浓度（特别是一般大肠杆菌计数）与致病菌（如产志贺毒素大肠杆菌 O157 或沙门菌）之间的相关性强弱，在不同地点的研究中有所不同。Pachepsky 等（2016）回顾了 81 项研究，只有 28 项（35%）研究中发现，灌溉水中病原体的存在与总大肠菌群或一般大肠杆菌计数之间存在密切关系。他们建议，灌溉水质的微生物标准"不能仅依赖于指标或病原体浓度"，还必须"包括对作物管理的参考"。McEntire 和 Gorny（2017）证实，对许多农业地表水源而言，一般大肠杆菌计数"往往对是否存在人类病原体没有什么预测价值"。在污染严重的水体中，粪便指示菌和病原体之间的相关性可能会更好一些，但随着稀释的发生，这种相关性会变得不稳定，在生物学上也不可能（Payment 和 Locas，2011）。不过，美国（McEgan 等，2013）和欧盟（Holvoet 等，2014；Castro-Ibañez 等，2015）的逻辑回归分析和纵向调查结果表明，大肠杆菌浓度高可以合理预测病原体出现的概率（如产志贺毒素大肠杆菌和沙门菌属）。

以下是关于粪便指示菌数量和病原体检测概率的研究实例。

- Ceuppens 等（2015），Castro-Ibañez 等（2015）：在含有较高数量一般大肠杆菌计数（1.5～2.0 $\log_{10}$ CFU/100 毫升）的水样中，更频繁地检测到了沙门菌、产志贺毒素大肠杆菌和弯曲菌属分离物。
- Truchado 等（2018）：通过检测三种不同灌溉水源样本发现，大肠杆菌含量<2.35 $\log_{10}$ CFU/100 毫升的样本，有 90% 未受到肠道病原体污染，而大肠杆菌含量>2.24 $\log_{10}$ CFU/100 毫升的样本，有近 75% 受肠道病原体污染。
- McEgan 等（2013）：在不同浓度（3、5、10、15、20 和 60 MPN/100 毫升）的地表水中，从观测到的最低大肠杆菌水平（1 $\log_{10}$ MPN/100 毫升）到最高水平（3.2 $\log_{10}$ MPN/100 毫升），沙门菌的检出概率按比例增加。

基于以上和之前的研究，欧盟为未经烹煮即食的作物（即灌溉水直接接触可食用部分的即食新鲜果蔬）使用的灌溉水制定了大肠杆菌 100 CFU/100 毫升（2 $\log_{10}$ CFU/100 毫升）的质量标准（欧盟，2017）。

6.3 收获后用水

在收获后的新鲜果蔬处理过程中，可以使用各种微生物指标，来确保加工用水的微生物质量足以避免交叉污染，并确定处理过程是否达到了降低微生物水平的要求（如水消毒，第 5 章）。在新鲜果蔬加工过程中，如果存在粪便指示菌，则表明工作条件不卫生、水被粪便污染或控制措施失败。过程指标及模式生物是验证消毒处理情况的合适指标。对过程指标或模式生物的监测可以确定是否偏离阈值以及是否需要采取纠正措施，在浓度高于阈值时，需要实施新的控制措施。

评估减少病原体工艺的性能时，如水处理（如过滤、消毒）或新鲜果蔬处理（如洗涤或消毒），过程指标及模式生物对处理过程的反应与相关病原体相似。不过，它们并不适用于所有处理工艺。因此，应根据不同的工艺和目的，考虑使用相关的指示微生物，并测量相关参数（例如消毒剂水平、pH、温度等）。由于病毒、原生动物孢囊和蠕虫卵在水处理过程中，比细菌更具耐药性，因此大肠杆菌不适合作为去除或灭活它们的过程指标。病毒也易被灭活，但由于大多数研究都是在实验室条件下进行的，因此人们对商业消毒液究竟对病毒的功效如何知之甚少。另一方面，原生动物孢囊和蠕虫卵体积较大，可以通过过滤，在具备静置条件的水库（如蓄水池）中沉淀，或在天然或人工湿地中进行废水处理来有效去除。一些过程指标及模式生物，已被用于评估水处理工艺对去除微生物的效果（表4）。

表4 用于评估水处理过程去除和灭活微生物效果的常见微生物过程指标及模式生物

指示微生物	效　　益	限制条件
• 大肠杆菌、耐热（或粪便）大肠菌群、总大肠菌群	• 作为水处理中细菌失活的指标 • 没有粪便大肠菌群或大肠杆菌被解释为没有致病的粪便细菌	• 对验证去除病毒、原生动物孢囊和蠕虫卵的新鲜果蔬消毒过程没有用
• 肠道肠球菌群	• 与大肠菌群和大肠杆菌相同	• 大肠杆菌的检测方法比肠球菌的检测方法更简单、更便宜
• 产气荚膜梭菌	• 衡量病毒和原生动物孢囊消毒和物理清除过程有效性的指标	• 产气荚膜梭菌的计数可能很低，因此可能很难计算出对数减少值
• 噬菌体（如大肠杆菌、拟杆菌和肠球菌的噬菌体）	• 噬菌体是在细菌内感染和复制的病毒。这些病毒与人类病毒有许多共同特性（如组成、形态、结构和复制模式），评估减少病原体工艺的性能时，可作为适当的病毒替代物，特别是在水和废水处理厂中	• 不同类型的噬菌体只能用于特定用途。例如，作为人类病毒病原体的替代物 • 检测、计数和成本的复杂程度因噬菌体类型而异，可能比粪便指示菌的检测要复杂
• 浊度	• 用作通过废水处理过程（例如过滤）去除原生动物孢囊（例如贾第鞭毛虫和隐孢子虫）的替代物	

大肠杆菌和总大肠菌群检测已被用于评估加工用水的微生物质量，尽管它们是否适合这一用途仍有争议（Doyle 和 Erickson，2006）。正如本书之前所讨论的，大肠杆菌是评估粪便污染更可靠的指标，因为它完全来自于粪便。Holvoet 等（2012）发现，如若清洗槽的清洁和消毒不充分，未定期向清洗槽注入微生物质量适当的水，可能导致加工用水中的大肠杆菌迅速增加，进而可能将大肠杆菌转移到最终产品中（Gombas 等，2017）。

Holvoet 等（2012）评估了总需氧嗜冷细菌（TAPCs）、总大肠菌群、大肠杆菌及病原体，在监测新鲜农产品加工用水水质方面的价值，发现总需氧嗜冷细菌并非总体质量和最佳生产实践的可靠指标。采收后的新鲜果蔬带有较高的总需氧嗜冷细菌，加工用水很快就会受到污染，导致总需氧嗜冷细菌在批量生产的整个生产过程中几乎没有变化。

要衡量消毒的效果，大肠杆菌是细菌病原体灭活的合适过程指标。噬菌体可以作为评估病毒灭活的替代方法。测量其他消毒处理参数，如足以灭活病毒甚至原生动物孢囊（尽管由于它们的抗药性强而很难做到）的消毒剂剂量水平（或 Ct 值，即消毒剂浓度和作用时间的乘积），也将是一个有意义的指标。示例见第 5 章表 2。

6.4　确定定制水阈值的方法

与新鲜果蔬可食用部分接触的过程水应达到饮用水标准（粮农组织和世卫组织，2017），阈值见世卫组织（2017a）。本节重点介绍新鲜果蔬生产中，在收获前使用的水，如灌溉水。根据 Blumenthal 等（2000）的说法，有三种方法可用于制定农业废水使用的微生物标准，该标准也可用于一般的灌溉水质。

（1）水中是否存在（或检测到）病原体或粪便指示菌；

（2）未检测到肠道疾病的过量病例；

（3）模型生成的风险估计低于定义的可接受风险。

第一种方法因为设定了无法实现的"零风险"目标而受到批评，这不可避免地导致制定过于严苛的指导方针（Blumenthal 等，2000；DeKeuckelaere 等，2015）。关于微生物检测的局限性和缺乏绝对相关性已在 6.1 中讨论过。对这一方法的主要批判是它缺乏基于风险的视角。

然而，在实际使用中，确实存在基于这种原理的灌溉水质标准。一个例子是，欧盟打算用于可生食新鲜果蔬的灌溉水标准是大肠杆菌菌落总数为 100 CFU/100 毫升，该标准是基于对病原体存在和粪便指示菌的研究（见 6.2.1）。另一个例子是美国环保局的农业用水标准，用于人类生食的粮食作物的表面或喷雾灌溉。这些标准包括：①每 100 毫升没有检测到粪便大肠菌群；②≤2 个浊度单位；③≥1 毫克/升残留氯，在至少 90 分钟的接触时间后满足要求，并通过二次处理、过滤和消毒达到要求（美国环保局，2012）。如果说加氯是用于灭活细菌和病毒，过滤则是用来去除原虫。

第二种方法从流行病学角度出发，即在暴露的人群中，不应存在因消费灌溉的新鲜果蔬而导致额外的感染（或疾病）风险。这类证据很难收集。流行病学研究通常是针对特定时间和地点，且非常昂贵，除非研究的人口规模极大，否则可能无法测量典型环境暴露的低风险水平。一般采用间接方式，例如，美国食品药品监督管理局关于生食粮食作物灌溉的指导方针是基于美国娱乐水质量标准，该标准源自对游泳相关疾病与水质之间关系的建模（美国食品药品监督管理局，2012）。大肠杆菌的几何平均值为126CFU/100毫升，统计阈值为410CFU/100毫升，近似于水质分布区间的第90个百分点，并且，作为阈值的样本不应超过计算几何平均值样本的10%。根据这些标准，估计每1 000名初级接触者中有36人可能罹患胃肠疾病。正如Pachepsky等（2011）所指出的，娱乐水标准的使用是有问题的，因为它们是在假设游泳过程中全身接触会对人体健康造成风险的情况下制定的，这与食用灌溉新鲜果蔬的接触情况截然不同。

第三种方法使用微生物风险定量评估模型来估计感染风险，并将其与可接受风险的参考水平进行对比（世卫组织，2016b）。微生物风险定量评估模型是针对病原体和场景的，取决于灌溉水或灌溉作物中病原体流行率数据的可用性（至少是估计值）。在缺乏此类数据的情况下，微生物水质评价的可行性策略包括应用风险评估方法和评估公共健康威胁水平（Pachepsky等，2018）。

用于评估食用灌溉新鲜果蔬所引起感染风险的微生物风险定量评估模型，可包括暴露评估和剂量反应模型（世卫组织，2016b；DeKeuckelaere等，2015）。农作物污染可根据产品捕获的灌溉水量进行估算（Hamilton等，2006；世卫组织，2006a），或者在可能的情况下，根据病原体从灌溉水转移到被灌溉作物上的信息进行估计（Bastos等，2008）。更详细的暴露模型可以包括对收获时作物污染的估计，考虑因灌溉或雨水飞溅而将水或泥土中的病原体转移到新鲜果蔬上，以及太阳辐射导致的每日病原体死亡量（Allende等，2018）。

暴露和风险评估最好使用概率方法而非确定性方法建模（Pachepsky等，2018；第四章）。Hamilton等（2018）发表了一个例子，其中通过各种来源建立了风险评估数据库，然后用于生成与隐孢子虫和贾第虫相关的人体健康风险的概率描述。

微生物风险定量评估模型可以根据特定场景进行定制，包括新鲜果蔬类型、灌溉时间表、采前环境条件和采后处理。它还可以用于通过从可能感染的概率开始（"可接受风险"），然后根据暴露变量输入的知识，确定灌溉水中的病原体浓度，以达到可接受的风险水平。这是世卫组织关于在农业中安全使用废水的指南的基础，并可以应用于其他类型的水（世卫组织，2006a）。简而言之，用再生水灌溉生食的作物，世卫组织给出的最坏情况下的指导值是大肠杆菌浓度为103CFU/100毫升，这与每年感染致病细菌、病毒或原生动物的风险估计值在每人10^{-3}至10^{-4}之间有关（世卫组织，2006a）。

使用微生物风险定量评估的一个缺点是，它需要病原体发生情况的数据。正如Pachepsky等（2011）所指出的，对灌溉水的监测远不及对饮用水或娱乐水的监测频繁，即使对灌溉水进行监测，大多数情况也只是测量指示生物而不是实际的病原体。然而，尽管有争议，人们已经假定了水中病原体或指示生物浓度的比率。例如，世卫组织对废水灌溉的指南假定以下数字：废水中每 10^5 大肠杆菌中含有隐孢子虫比率为 $0.01\sim0.1$，轮状病毒和弯曲杆菌属比率为 $0.1\sim1$（世卫组织，2006a）。

有关更详细的例子和证据，请见附件 4。

6.5 结论

- 为了显示粪便污染的存在，采用指示生物，比测量其他任何特定病原体存在情况及其浓度水平更可取。主要的指示生物是大肠杆菌和肠球菌；其他生物群也被推荐使用（如产气荚膜杆菌和大肠杆菌特异性噬菌体），但这些生物菌群都不是广泛适用的。
- 粪便指示菌可以具有双重功能，既可以作为过程指示生物，又可以作为验证水处理有效性的模式生物。
- 噬菌体是比粪便指示菌更好的肠道病毒指标，尽管不能绝对依赖。一些作者建议使用两种或两种以上的指标组合。然而，噬菌体可以作为评估水处理对肠道病毒灭活效果的良好过程指标。
- 原虫和蠕虫的囊卵比细菌和病毒更耐受，灌溉水中没有适当的指示其存在或不存在的指标，如果怀疑应进行特定测试。
- 一般来说，在重度污染的水体中，粪便指示菌和病原体之间通常存在相关性，但这种相关性在污染程度较低的水体中则变得不确定，在生物学上也不可能。逻辑回归分析和纵向研究已经表明，大肠杆菌浓度可以合理地预测地表水中存在的病原体（例如产志贺毒素大肠杆菌和沙门菌属）概率。
- 在收获后的水中，如果对所关注的病原体采用了与之相应的处理过程，则可使用过程指标、模式生物来评估水处理在减少病原体方面的表现。
- 大肠杆菌已被建议作为细菌性肠道病原体灭活的适当过程指标。另一方面，噬菌体可以作为评估病毒灭活的替代方法。
- 确定废水在农业生产中使用的微生物指南有三种主要方法，这也可适用于灌溉水质，包括：①监测水中的粪便指示菌或病原体；②采用流行病学的观点；③采用风险评估方法。

7　微生物水质检测和微生物源追踪

水的微生物检测可用于水安全计划和食品安全风险管理计划，包括在新鲜果蔬生产先决方案、危害分析与关键控制点中应用（见第 6 章）。有许多针对不同目的的检测方法，这些方法包括病原体检测或存在缺失测试、列举指示微生物（世卫组织，2017a），以及追踪粪便污染源的标记物测试（Ahmed 和 Harwood，2017）

在水安全预防计划和基于风险的方法中，有越来越多的微生物可被用来确定潜在的水传播病原体情况，相关分析新技术也不断涌现，以满足各种不同的需要（Figueras 和 Borrego，2010）。需要进一步研究和开发检测方法，以提高检测系统性能，降低检测的复杂性和成本，并实时提供结果。

本章回顾了不同的水质检测方法。附件 3 总结了各种检测方法及其优缺点。

7.1　基于培养的微生物学方法

通常认为，基于培养的方法是用来检测和鉴定细菌性病原体，并进行细菌性指标计数的标准方法。它的优势在于，可以评估细胞活性和传染性，一般成本较低且易于使用。然而，基于培养的方法需要训练有素且技术熟练的技术人员，最好能符合实验室质量控制体系要求（Bain 等，2012）。但这一方法耗时长、劳动力要求高、对样品运输及环境暴露过程中的污染或不当条件十分敏感。如果距离最近的实验室远离水源，就更加具有挑战性。尽管存在以上局限性，但基于培养的方法仍然是黄金标准。

基于培养的方法可分为定量法和定性法。定量法通常包括，使用倾倒板或扩散板方法计算活菌数量，或使用最可能数（MPN）方法估计数量。膜过滤仍然是对水中的目标细菌病原体或指示微生物进行微生物学检测的首选方法。相对来说，它可适用于不同大小的水体，并且在为检测目标细菌而开发的选择性介质中也可使用。在特定酶的作用下，随着可见信号的色原体和荧光原体的产生和发展，可使目标病原体生长更简单、更快速、更具有针对性（Manafi，

2016）。基于培养的方法的局限性是，一些显色剂和荧光剂价格昂贵，不是在所有地区都容易获得。此外，对一些特定的细菌性病原体，培养基并没有足够的选择性，不是所有的病原体都是可培养的，例如人源诸如病毒和寄生虫（Haramoto 等，2018）。另一个局限是，一些细菌已被证明能够进入可活但不可培养的状态，因此使用基于培养的方法无法检测到，例如霍乱弧菌（Chaiyanan 等，2001）。

对实验室来说，基于培养的大肠杆菌检测是最简单的。检测方法需经过验证，并尽可能符合标准。用于水中细菌培养计数的商业检测试剂盒已经开发出来。这些试剂盒的应用范围很广，其应用范围既包含需使用特定基质技术的营养指示剂（例如，大肠杆菌、肠球菌、铜绿假单胞菌等），也可扩展到可在农村地区使用而无需实验室设备的便携式紧凑型一体化微生物检测试剂盒（Brown 等，2020；Stauber 等，2014）。在食品工业中，还有现成的纸薄板用来培养各种微生物。将琼脂完全放置在一个装置中，只需要添加样品即可，这可以节省时间，降低成本。

定性方法用于确定是否存在某些细菌病原体，如沙门菌、李斯特菌和弯曲杆菌等。这些检测方法很受欢迎，而且比枚举法操作简单、成本低、速度快。然而，用定性方法产生的关于病原体污染水平的信息有限，而这些信息有助于设计针对污染问题的解决方案。

致病性微生物通常以低浓度存在于水中，细胞可能处于受压状态。这通常需要使用富集步骤来浓缩大量的水样以加强检测，并使用非选择性的预富集步骤来提高受压或受损细胞的恢复能力。可以在使用培养或其他方法（例如用流式细胞术检测隐孢子虫和贾第鞭毛虫）进行检测之前，使用靶细胞浓缩步骤，例如免疫磁分离（Barbosa 等，2007；Keserue 等，2011）。典型的细菌病原体存在或缺失试验遵循以下步骤：①初步或预富集；②选择性富集；③检测或电镀；④证实。

7.2 基于非培养的微生物学方法

与细菌培养方法相比，非培养方法可用来检测更广泛的微生物。这些方法包括分子检测程序，如聚合酶链式反应（PCR）、逆转录 PCR（RT-PCR）、实时定量 PCR（qPCR）、微滴式数字 PCR（ddPCR）和逆转录实时定量 PCR（RT-qPCR）、核酸测序碱基扩增（NASBA）、免疫学方法、光学生物传感器、下一代测序（NGS）、流式细胞术等。附件 3 总结了不同微生物检测方法的优缺点。

聚合酶链式反应（PCR）。在基于 PCR 的检测中，遗传标记针对的是一种微生物、一组微生物，或编码特定性状（如编码毒力、抗微生物耐药性、宿主特异性或血清型的基因）的 DNA 和 RNA 基因，这些基因与目标微生物有关（Ahmed 和 Harwood，2017）。目标序列和探针设计的作用非常重要，因为类似的非目标序列可能被设计不良的寡核苷酸引物扩增。

与基于培养的方法相比，分子方法具有更高的灵敏性和特异性的优势，完成测试的时间可以更快，只需要大约 2 小时，而基于培养的方法则需要 18～24 小时。分子测试可用于区分人类和动物的污染源（Fuhrmeister 等，2019；Garcia-Aljaro 等，2018）。此外，在对食源性病原体的灵敏性和快速鉴定方面，这一方法也优于基于培养的方法和免疫分析法（Naravaneni 和 Jamil，2005；Priyanka 等，2016）。它可以提供足够快的结果，以监测控制点，并允许采取纠正措施。沙门菌和弯曲杆菌等病原体可能是存活的，但无法进行培养，因此，采用基于培养的方法可能无法检测到它们，从而导致产生假阴性结果。采用基于分子 PCR 的方法检测病原体来源的核酸（DNA 或 RNA）可以避免这一风险（Vidic 等，2019）。尽管如此，基于 PCR 的检测仍然可能导致低浓度病原体出现假阴性结果，因为这一方法的检测范围非常小。此外，环境样品中如果存在化学和其他物质（腐殖酸、金属离子等）也会产生抑制反应。PCR 方法的主要挑战表现在，与非特异性双链 DNA 序列结合而产生假阳性信号（Priyanka 等，2016）、交叉污染风险、缺乏标准化的方法和控制措施，以及设备和用品成本高昂。在发展中国家，缺乏训练有素的技术人员、资源有限，以及电力供应不稳定等，也可能对实验室采用分子方法带来巨大挑战。

PCR 检测通常不能提供目标生物体的活力指标，但这一指标对估计污染程度非常重要。当然，有关这方面的研究正在进行。例如，已经使用 qPCR 加上单叠氮丙啶或单叠氮乙啶评估微生物细胞活力（或更具体地说，膜完整性）（Reyneke 等，2017）。PCR 已与病毒细胞培养结合使用，以克服这两种技术在检测环境样本中的病毒（如轮状病毒）方面的局限性（Reynolds 等，2004）。综合细胞培养和 PCR 检测技术能够更快速地检测在细胞培养中生长的非细胞病原性病毒，如轮状病毒和大多数野生型甲型肝炎病毒。目前，许多实验室可能还没有应用更新型的和试验性的技术。

目前有在单一温度下进行且不需要热循环的 PCR 方法，这种方法使用起来更简单，更适合现场检测，如使用等温扩增技术扩增的基因序列、扩增 RNA 的基于核酸序列的扩增法（NASBA）（Compton，1991）和循环介导的等温扩增法（LAMP；Notomi 等，2000）。

微滴式数字 PCR 是一种新型的灵敏、快速的方法，通过将样本中的 DNA 片段化，将样本划分成数千纳升大小的液滴，并对其进行 PCR 扩增，直接对样品中的目标基因进行绝对定量。由于 DNA 片段随机、独立地分离到液滴中，泊松算法被用于确定原始样本中的绝对拷贝数，而不受标准曲线的影响（Pinheiro 等，2012；Hindson 等，2011）。该方法被认为对选定的病原体很有效，但初始成本和试剂往往比 qPCR 更昂贵。

下一代测序（NGS）。NGS 是最新的一种基于 DNA 的方法，可以提供整体的微生物群落多样性分析。它允许通过 DNA 测序来识别复杂基质中的多个物种。该方法非常强大，当食物受到环境因素干扰时，它提供了检测和跟踪食物微生物群系变化的机会（Jagadeessan 等，2019；Jongman 等，2020）。该方法使在粪便和废水样本中识别新的宿主相关病毒成为可能（Ahmed 和 Harwood，2017）。随着这项技术的发展，接受度越来越广，其成本正在下降，但目前来说仍然十分昂贵。需要运用熟练的生物信息学分析来对 NGS 数据做出解释。Ion torrent 测序仪使用的是半导体测序，它是基于检测 DNA 聚合过程中释放的氢离子。半导体测序在恢复植物相关真菌生物群方面的能力显示了该技术存在局限性，由于有些菌群分类归属存在未知，会导致对菌群多样性存在低估（Jongman 等，2020）。其他的 NGS 技术在这方面取代了半导体测序。最近，实时 NGS 已经可用，尽管还存在灵敏度问题，在正式应用之前还需要进行更多现场测试。但该技术已允许在基因组学、转录组学和表观基因组学中广泛应用于测序（Jongman 等，2020）。纳米孔测序最近也被开发出来，提供实时分析，产生长读数，可以进行没有 PCR 扩增的单分子测序。

NGS 可以提供关于细菌分离物和病原体鉴定的全基因组测序（WGS）信息（Moran-Gilad，2017）。这在针对食物或水中暴发的流行病学调查中具有独特优势，因为它可以将临床和非临床分离株联系起来，也可以与来自其他时间和地点的流行病暴发情况联系起来。新的 WGS 平台已经建立，如 GenomeTrakr 网络提供了一个全球快速评估工具，以连接临床与食品或环境相关的分离株（Timme 等，2018；美国食品药品监督管理局，2020）。然而，它不能区分感染性和非感染性细胞或颗粒。

微阵列。微阵列是一种芯片上的多重实验室，通常是一个二维的斑点基因阵列，在固体基质上有特定的 DNA 序列，可以与通过荧光检测和定量的目标进行杂交。微阵列具有高通量的优点（可以分析成千上万的基因），并且可以针对目标病原体或指标进行定制。例如，Li 等（2015）开发了一种针对人类病毒、病毒指示物和抗生素耐药性基因的微阵列。结果显示，宿主特异性为83%～90%，但该方法的灵敏性较低（21%～33%），有待提高。

生物传感器。已开发出来许多生物传感器用于环境监测。与基于培养和分子的方法相比，生物传感器具有检测速度快和相对易于操作的独特优势。一般来说，生物传感器由生物受体、传感器和检测器三个元素组成。到目前为止，大多数已知的用于环境监测的生物传感器都使用抗体作为生物元素。检测到的光学信号可以很容易与目标分析物的浓度相关联，并且可以检测到多种分析物。许多生物传感器已经成功实现了商业化。它们通常需要 3～12 小时来获得结果，检测极限高达约 100CFU/毫升。还有一些商业化的试剂盒采用荧光光学传感器来检测水中的粪便指示菌。

流式细胞技术。流式细胞技术是另一种光学方法，它基于粒子的荧光特征来识别和统计细胞。为了满足检测所需的样品量，可能需要一个预浓缩步骤。该技术要用激光刺激单行细胞流，并检测荧光。这种方法非常快速，在几秒钟内就能分析成千上万个细胞。对细菌和某些病毒的特异性检测，需要使用DNA 或基于抗体的探针或适配体，可用活性染色剂来区分膜完整细胞和膜受损细胞（Berney 等，2007）。最近，水处理厂已经用在线流式细胞技术系统来监测细菌总数。然而，在更复杂的基质中，如农业用水的不同水源，这种方法无法成功应用，因为它可能难以对含有大量非细胞颗粒的环境样本获得可靠计数（Saffodd 和 Bischel，2018）。此外，不能使用流式细胞技术对特定的水消毒处理（如 UVC 紫外线处理）进行验证。

免疫学方法。基于免疫学的方法依赖于抗体与特定目标或目标抗原结合。单克隆抗体（mAbs）已广泛应用于许多领域，包括酶联免疫吸附试验（ELISA）、蛋白质免疫印迹法（Western-Blot）、流式细胞技术等（Ndoja 和 Lima，2017）。单克隆抗体具有高特异性（只检测到抗原上的一个表位）和高亲和力，但相较多克隆抗体来说，单克隆抗体的同质性非常高。然而，单克隆抗体也有一些局限性。例如，它们的制作耗时且昂贵，有时会与不相关的抗原发生意想不到的交叉反应，在不可预测的情况下，只能针对某些抗原产生低亲和力的单克隆抗体。此外，在单克隆抗体的生产过程中也存在动物伦理方面的问题。

采用基于非培养的方法。科学技术的发展往往比它们的实践应用要快得多。非培养基检测的局限性之一是，获得批准或在国家监测项目中得到采用的过程十分漫长。但这一情况正在发生改变。例如，在美国，已经修订了娱乐性水质指南，包括了基于流行病学和微生物风险定量评估模型研究污水特定标志物，以及人类肠道病原体的指导准则，以确定所有娱乐性水域中游泳者的健康风险。最近，该文件包含了有关使用快速指标方法的信息，如分子 qPCR，可以让海滩管理者更快做出决策以保护游泳者，与传统的基于培养的方法相比，后者在实际接触一两天后才能提供水质评估结果（美国环保局，2015）。但大多数国家还没有在其指南中采用分子生物学方法。

7.3 微生物源追踪

微生物源追踪标记的出现，是为了满足在制定保障人类健康的风险管理策略和进行污染事件调查时，能够更好地识别水源中粪便污染的来源。

标记物对宿主的灵敏性和特异性，是评价标记物对来源追踪适用性的关键标准。表 5 列出了其中一些指示微生物或病原体。Ahmed 和 Harwood（2017）回顾了各种用于追踪粪便污染源的人类和动物肠道病毒标记物，包括人类腺病毒、人类多瘤病毒和辣椒轻斑驳病毒。作者得出结论，人类腺病毒和人类多瘤病毒是检测人类粪便污染的良好微生物源追踪标记物，但许多动物微生物源追踪病毒标记物的特异性不强，需要进一步研究开发、评估和验证新的 qPCR 检测方法。会议强调的另一个挑战是，难以从环境水样中有效地定量恢复病毒。最近，通过宏基因组学挖掘发现了一种新的噬菌体（crAssphages），据报道在人类粪便废物中含量丰富，并与之密切相关（Stachler 等，2017）。对 crAssphages 的 qPCR 遗传标记被证明在美国（Stachler 等，2017）和泰国（Kongprajug 等，2019）的未处理污水和受污水影响的水样中都非常丰富，这似乎会是一种前景广阔的用于检测人类粪便污染的微生物源追踪标记物。

表 5　用于区分人类和动物粪便污染源的部分基于 qPCR 的微生物源追踪标志物

指示微生物或病原体	微生物源追踪标记物		
	人类源	动物源	参考
拟杆菌属	HF183、BFD、BVulg GenBac3（*B. thetaio-nomicron*）	BacCoW	Fuhrmeiste 等，2019
		BoBac（牛标记物）	Ravaliya 等，2014
		BacR（反刍动物）	Harris 等，2017
大肠杆菌噬菌体	F + RNA GII、GIII MS - 2、PRD1、ΦX - 174、Qβ 和 fr	F+RNA GI、GIV	Gerba 等，2014
肠球菌	屎肠球菌、粪肠球菌	酪黄肠球菌、芒地肠球菌	Bahirathan 等，1998；Ferguson 等，2005
诺如病毒	GI、GII、GIV	GIII、牛诺如病猪	Aw 等，2009；Ahmed 和 Harwood，2017
腺病毒	Ad40、Ad41	牛腺病毒、猪腺病毒	Ahmed 等，2010；Ahmed 和 Harwood，2017
志贺氏杆菌	A、B、C、D 组		
crAssphages	CPQ_056、CPQ_064		Stachler 等，2018；Kongprachug 等，2019
多瘤病毒	HPyVs（JCVs 和 BKV）	OPyVs（冠瘿碱）、BPyVs（牛）	Ahmed 和 Harwood，2017

一些作者对不同指示微生物的特性和利弊进行了广泛的研究，如 Korajkic 等（2018）、Ahmed 等（2017）、Saxena（2015）和 Ashbolt（2001）。

7.4 结论

- 有许多方法对水中存在的病原体和指示微生物进行检测和计数。相似地，许多单独的检测方法都是基于共同的基本原则而发展起来的。选择何种方法应考虑到检测目的，以及一些实际因素，例如可用的设施和技术专长、应用的难易程度、测试材料及设备的可负担性和可用性。
- 基于培养的方法通常被认为是检测和鉴定细菌性病原体以及进行细菌性指标计数的标准方法。它们仅限于检测细菌危害，需要实验室设施、技术专长和质量控制程序，以确保可靠性。现场测试系统可用于简单和快速的指标检测。
- 基于非培养的方法可用来检测更广泛的微生物，并越来越多地用于可培养和不可培养的微生物，以及用来对某些特定性状进行检测和计数，如毒性和抗生素耐药性基因。
- 从 PCR 到 WGS，不同的基于非培养的方法对特殊技术专长的要求、专业设备需求和成本方面的差异很大。因此，存在各种基于 PCR 的方法、基因组测序、免疫分析、微测定、流式细胞技术和生物传感器等。
- 微生物源追踪标记物可以帮助识别水中粪便污染的来源。宿主的灵敏性和特异性是评价标记物对微生物源追踪适用性的关键标准。
- 新的检测方法不断发展，目的是提高检测性能，使它们更加实用且可负担，并能实时提供结果。对于使用监管标准中尚未批准的检测方法，需要获得监管部门批准。

8 水质的微生物监测

监测是食品安全风险管理项目的一项基本活动，包括在食品生产中制定的先决方案、危害分析与关键控制点系统（粮农组织和世卫组织，2020），以及在饮用水供应（世卫组织，2017a）和农业用水方面（世卫组织，2006a）的水安全计划。监测包括有计划地对控制参数进行观测或测量，以评估风险降低措施是否可控（附件1）。

世卫组织提供了饮用水监测指南，以确保整个供水系统保持安全合规（世卫组织，2017a）。在世卫组织关于农业中的各种类型用水指南中（世卫组织，2006a），指出监测在不同时间节点有三种不同用途：验证、运行监测和核查（世卫组织，2017c）。由于食品法典委员会关于新鲜果蔬的指南中没有提供关于监测的具体指导，世卫组织指南可以为管理新鲜果蔬生产中的用水质量提供一种方法。

8.1 验证

食品法典委员会将控制过程中的"验证"定义为"如果正确实施一项控制措施或组合的控制措施，能够将危害控制在特定的结果"（粮农组织和世卫组织，2020）。世卫组织（2017a）在饮用水水质准则中对"验证"的描述为：

验证是一种调查研究活动，用来确定控制措施的有效性。它通常是在一个系统最初创建或修复时进行的密集活动。它提供可靠可行的水质信息，而不是假设的数值，同时也明确了控制措施能够有效控制危害所需的操作标准。

验证是用来获取控制措施执行情况的一种手段。因此，它必须以准确和可靠的技术信息为基础。验证方法适用于正常和特殊情况下的特定控制措施，包括利用现有数据、文献或有针对性的监测方案进行现场检查（世卫组织，2017a）。

对处理过程进行验证，是为了证明该过程可以按照预期运行，并达到所需的微生物危害降低水平。根据适用水利用方法，验证可以在新鲜果蔬生产过程的不同阶段进行。

对参与处理过程的工人、专业人员及消费该产品的人群的健康结果进行定期检查十分有用。例如，使用各种不同处理方法后，对上述人员的健康结果进行检测。

需要考虑的要点：

- 在供水系统运行过程中，不必每天都进行验证。
- 应对现有数据进行彻底评估，以了解供水系统的运行情况。
- 应充分了解供水系统中的具体条件或要求，以及危险因素或指标。
- 验证不应与运行监测相混淆。
- 验证可以推动供水系统改进。

8.2 运行监测

世卫组织（2017a）将饮用水质量管理中的运行监测定义为：

一套有计划的常规活动，用于确定控制措施是否继续有效地发挥作用。

如果水是新鲜果蔬生产中的输入水，则需要对输入水的供应和水质进行常规监测，以确保水不会在消费环节损害新鲜果蔬的整体安全性，即确保它是适用的。风险评估为确定风险降低措施和需达到的风险降低水平提供了方向，并将具体应用在新鲜果蔬生产链中（第4章）。管理者必须评估整个输入水供应系统的运作方式，并确定适当的控制措施。

需要考虑的一些要点包括以下几点（世卫组织，2017a）：

- 制定控制措施，需要充分了解新鲜果蔬生产中的供水和用水量、现有控制措施，以及生产链中特定节点上微生物危害失控的可能性和后果。这些措施可以包括观察活动（现场检查）或参数测量（例如，消毒剂和杀菌剂水平、pH、浊度等）。
- 运行监测参数应表明核心控制措施的有效性，并保持足够的频率来评估其性能，以便在措施失效时可以及时识别并快速做出反应。世卫组织提供了运行监测参数的例子（世卫组织，2017a，2009）。
- 肠道病原体或指示微生物的检测在运行监测中的作用有限，因为分析耗时，无法在使用供水之前采取纠正措施。在常规程序中只能进行数量有限的测试，因此必须仔细选择指示微生物或病原体。
- 需要对控制措施进行运行监测，并在需要改进时制订补救行动计划。该计划应详细说明如何提高控制措施效果、人们对消费不适用水处理后的新鲜果蔬的接受度，以及为保证新鲜果蔬消费安全所需的额外风险降低措施（如热处理或烹调）。

8.3 核查

在食品安全风险管理方面，核查是先决方案和基于危害分析与关键控制点系统的食品安全计划的一项活动，除了监测之外，还要采用一些方法、程序、检测和其他评估活动，确定合规性（粮农组织和世卫组织，2020）。对饮用水质量管理的核查与对供水系统性能的最终检查类似，都要确定水质是否满足卫生目标要求（世卫组织，2017a）。

世卫组织（2017a）指出：

除了对饮用水系统各组成部分的性能进行运行监测外，还需要进行最终核查，以确保整个系统能够安全运行。核查工作可由供应商来进行，或由独立的权威机构进行，或这些机构共同进行，具体取决于特定国家的行政建制。核查工作通常包括对粪便指示菌和危险化学物质的检测，以及审核水安全计划是否按计划实施并有效运行。

不同水质的水可能适合于新鲜果蔬生产链中的各个相应步骤和控制点。市政饮用水供应商应符合世卫组织规范（世卫组织，2017a）。对于与新鲜果蔬可食用部分接触的所有水，需要核查水质在适用控制点的限定范围内，以及水安全计划是否有效运作。

核查微生物水质时应考虑的要点：

● 指示微生物的选择（见第 6 章）。大肠杆菌不一定是最好的指示菌，因为新的研究表明，即使大肠杆菌浓度很低，但水源中仍可能含有致病性肠道病毒，噬菌体可能是更可靠的指标。

● 根据指示微生物类型选择合适的检测方式（见第 7 章）。这些方式从基于培养的技术到非培养基因（如 PCR）技术。

● 进行采样方案及其周期性设计。以上设计应具有可行性，并符合供水商和新鲜果蔬生产管理者的预算。

● 这些测试必须经过验证，并适合本地环境。

2018 年，美国多个州和加拿大多个省都暴发了与食用长叶莴苣有关的O157：H7 大肠杆菌疫情，调查结果表明，对新鲜果蔬生产用水进行核查十分重要（美国食品药品监督管理局，2019）。

美国食品药品监督管理局的调查结果包括：

● 在农场。在农场水库的一个沉积物样本中检测到大肠杆菌 O157：H7。使用WGS 方法检测后发现，该分离物与暴发菌株难以区分，表明该暴发菌株存在于该农场水库的水中。

- 缺乏水处理核查。该农场在用水前用消毒剂处理农业用水，并有对水库农业用水进行定期分析的程序，这一程序包括将大肠杆菌作为指示微生物来衡量处理效果。调查发现，没有对消毒剂浓度进行核查，以确保在收获时、收获后处理期间与莴苣直接接触的水的安全，以及清洗或冲洗收获设备的食品接触面的水的安全。

  ➢ 这是一个严重错误，因为水箱消毒剂处理系统有未溶解的消毒剂结块，从而使消毒剂在对水进行处理时的效果受到影响。

  ➢ 因此，来自受污染水库的未经处理的水被用于收获或收获后处理。它还被用于在路面进行喷洒以减少灰尘，这些道路在开始收获作业之前，曾运输过收获设备。这也是另一个可能将病原体传播给莴苣的原因。

　　调查人员发现，用于灌溉和收获后活动的未经处理的水可能是导致莴苣污染的来源。他们强调，水处理核查程序和记录保存是预防危害的重要管理组成部分，可以确保水在与农产品直接接触时，以及通过设备与食品表面发生接触时，不会受到病原体污染。这些措施包括定期检查、评估消毒剂的浓度是否合适，以及是否正确执行了处理程序。

9 适用水、知识鸿沟和局限性

    2019 年 9 月 23—27 日在瑞士日内瓦召开的关于新鲜果蔬用水的 JEMRA 会议，目的是就确定新鲜果蔬收获前和收获后生产"适用"水的标准和参数，制定清晰实用的指南。还考虑了若当水不符合"适用"要求时，可在收获前和收获后采用具体措施加以干预，以降低食品安全风险。在讨论会议目标时，发现相关科学知识方面存在差距，缺乏支持基于风险方法的数据，以及现有工具在确定水质方面存在局限性。在以下方面还需要更多数据，以便我们能够为新鲜果蔬生产用水的微生物标准进行更有力的风险评估并制定更精准的建议。

- 用于新鲜果蔬生产和加工的水污染数据，特别是在低收入和中等收入国家。
- 各国与新鲜果蔬消费相关的人类疾病的流行病学数据。
- 剂量–反应关系，以及免疫状态（人群特异性）对食用受污染蔬菜和生病后剂量反应的影响。
- 关于新鲜果蔬生产链中病原体传播途径的数据。例如，用来支持微生物质量和灌溉水的微生物质量之间关系的额外数据，包括水在抗生素耐药细菌污染新鲜果蔬中的作用。
- 更好的水污染指标，包括水传播病毒、寄生虫和蠕虫。
- 水与新鲜果蔬之间的接触以及接触持续时间，对新鲜果蔬后续安全的影响。
- 更精确的微生物源追踪工具和相关的全球数据库。
- 评估农场的灌溉水干预和控制措施，特别是适用于资源缺乏环境下的灌溉干预和控制措施。
- 关于各种病原体在真实世界水质条件下的生存数据，以支持基于实验室的观察。
- 加强社区赋权，建立支持灌溉用水管理的伙伴关系。
- 加强对不同利益相关者在灌溉和水质管理方面的教育和培训。

10 结 论

围绕会议目标，专家组得出的主要结论总结如下：

- 通过采用先决方案和基于危害分析与关键控制点的风险管理系统（粮农组织和世卫组织，2020），包括在初级生产和食品加工中使用"适用水"，可以降低通过水中病原体污染新鲜果蔬的风险。水安全计划（世卫组织，2017a）是一种有效的风险管理方法，通过确定水污染途径和建立适当的控制措施，确保用于新鲜果蔬生产的水的安全，特别是针对小生产者。

- 在新鲜果蔬安全生产和加工过程中，评估水的微生物质量的关键因素包括：可用水的来源、潜在污染源和风险因素、水在生产链各环节中如何应用和使用、新鲜果蔬的类型，以及用水后和最终产品消费前的微生物灭活步骤。这些因素是动态的，可能因文化、气候和其他因素而随时间和空间发生变化。

- 建立用于新鲜果蔬安全生产的水的微生物食品安全指标应以风险为基础，并考虑到：
  ➢ 水的可用性及在生产或加工各环节中是否适用，包括有意或无意中与食物相接触的可能性和程度；
  ➢ 新鲜果蔬的类型和任何具体特征（如叶菜、网纹瓜）、生产系统（如根茎或行间作物、藤本、水培），是否通常生吃或可用于烹调，是否去皮；
  ➢ 在消费前，水与农产品可食用部分的接触及接触时间；
  ➢ 每次接触后，病原体下降或扩散以及交叉或再污染的可能性；
  ➢ 在管理食品安全风险时，把从农场到消费的整个食品链纳入其中。

- "适用水"是一个相对概念。在从生长阶段到最后消费的每个连续步骤中，后一步骤使用的水的微生物质量或安全标准应该比上一步的要求更高，或至少等同。例外情况是，在食用最终产品之前，有一个后续的有效病原体减少处理（去除或灭活）。如果没有这种处理，在水接触新鲜果蔬可食用部分的最后步骤中就需要使用饮用水。

- 任何水，即使是经过常规处理和消毒的水，都可能含有人类病原体，尽管浓度较低。应进行适合于国家或地方新鲜果蔬生产环境的风险评估，以评估与使用特定水源或供应相关的潜在风险，并确定适当的风险减轻策略。

48

- 在评估水的健康风险时，风险评估可以利用一些定性和定量的水质变量。微生物风险定量评估模型是针对特定病原体和情境的，取决于是否有关于病原体流行率的数据（至少是估计数），或者病原体和指示微生物浓度的比值。可供微生物风险定量评估模型的数据可能是有限的，而且通常在特定环境中产生，导致微生物风险定量评估模型有很大不确定性和诸多限制。一种替代方法是，通过对微生物浓度进行测量来间接证明是否存在粪便污染，通常被称为"指标"或"指示物"，在这种情况下，微生物风险定量评估模型被一种定量的微生物暴露评估所取代。

- 在选择是否将指示微生物作为风险评估输入时，或在选择特定指标和适当的阈值水平时，应考虑的科学证据包括：

  ➢ 不存在一个单一的水质指标对所有类型的水都适用，应根据目的和所需的信息进行选择。

  ➢ 目前，还没有可靠的指示微生物可以可靠地预测病原体的发生或数量，因为指示菌通常是衡量粪便污染的替代指标，而不是测量病原体本身的指标。使用指标不可能预测污染水体中特定病原体的存在或浓度。

  ➢ 人们普遍认为，粪便污染指标对监测水质很有用，特别是大肠杆菌和肠球菌均已被广泛采用。

  ➢ 噬菌体，特别是雄性特异性噬菌体和拟杆菌噬菌体，以及最近的 crAssphages，被发现是人类粪便污染的有效预测因子。它们还可用于验证和确认减少病毒的处理方法。然而，尽管与在污染水域中的粪便指示菌相比，噬菌体已被证明与病毒病原体的存在具有更好的相关性，但也不能绝对依赖它们，并将它们作为肠道病毒的独特指标。

  ➢ 目前还没有关于水源中寄生虫（如原生动物、绦虫、蠕虫）的指示指标；然而，用亚硫酸盐还原梭状芽孢杆菌孢子和好氧性的孢子形成菌，可用来确定减少寄生虫处理的有效性。

  ➢ 在严重污染的水域中，指示微生物和病原体之间的相关性较强，但当污染程度较低时，这种相关性不显著，且在生物学上也没有参考价值。

  ➢ 在许多情况下，粪便指示菌具有双重功能，既作为粪便指示菌，也作为用于验证水消毒处理的过程指标。

- 在新鲜果蔬的加工过程中，存在粪便指示菌表明工作条件不卫生、水被粪便污染或控制措施失败。

- 水的微生物检测在初始水质、环境评估，以及生产和加工过程中的验证、核查和监测中发挥着作用。它可以与其他非微生物参数一起使用。

- 有多种分析方法可以评估新鲜果蔬生产用水的微生物污染程度。水质微生物评价方法的选择应基于经过验证的检测方法、现有能力和可用资源。人们认识到，在某些情况下，水测试可能还不可行，因为水源水质是高度不确定的。在这种情况下，应该做出保守的假设，并采用简单的风险评估，直到获得更多的可用数据。

- 用于确定水质微生物目标的取样计划、实施病原体检测、指示微生物浓度测量等，应根据风险评估和风险管理目标来确定。例如，在基线水质评估、减排技术的验证和核查等风险管理环节中，针对不同的目标，需要与之相适的不同参数。

- 微生物风险定量评估模型是一个有价值的工具，可以基于健康目标或新鲜果蔬工艺标准而量身定制水质标准。现有的准则为如何根据既定的健康目标或假设进行计算提供了模板。然而，开展微生物风险定量评估时，需要基于一定的数据基础。微生物风险定量评估模型不能仅仅基于指示微生物浓度，它需要病原体测量或对其发生和水平进行假设。在没有建立适用的质量目标，也没有可靠的剂量-反应关系的情况下，暴露评估也可以作为制定水质标准的基础，至少作为初始步骤。指示微生物浓度与是否存在特定病原体之间的关系已得到证实，可以基于这种关系开展暴露评估。

- 每个国家都有其自身特点，无法总体概括食品生产和加工中的水质目标。例如，各国的环境和社会文化条件不同，在食品生产中，国家和地方传统做法不同，供应链的动态不同。各国的法规和监督水平不同，各国、各地区水中污染物的暴露水平和途径不同。

- 为了使"适用"概念成功应用于新鲜果蔬生产中，应用于整个价值链的风险管理系统和控制措施必须是互补的、严格的，并始终得到严格遵循。在新鲜果蔬供应链中使用的水质标准，应建立在国家食品和水法规及准则的框架内，并考虑到当地的资源、基础设施和能力等。

11 建　议

- 新鲜果蔬和新鲜果蔬生产中使用的水的安全指标是根据具体情况而定的。应在国家一级考虑安全指标的一般概念，并根据国家流行病学证据和健康风险、科学证据和对个别新鲜果蔬生产链中微生物危害的研究，进一步调整可接受的阈值。
- 水质指标，如大肠杆菌和肠道肠球菌是近年来关于水中是否存在粪便污染的合适指标，但却不是与新鲜果蔬有关的非粪便食源性病原体（例如一些病毒和寄生虫）存在的可靠指标（即不能预测）。
- 过程指标，如大肠杆菌是用来对实施的减少病原体措施进行监测的可靠指标，包括非粪便食源性病原体。有必要进行低成本、具体、灵敏和快速的检测，以确定食品生产中的用水是否存在有害微生物及其浓度。
- 当在发展中国家缺乏可用信息时，在综合风险管理计划中制定安全指标可能具有挑战性。
- 上一份 JEMRA 报告（粮农组织和世卫组织，2019）提出的相关建议，可能对没有制定国家准则和不具有相关数据资料的国家提供帮助，以克服这些挑战。建议在不同地区结合当地环境，进行决策树试点，以形成适合当地环境的决策方案。

参考文献 REFERENCES

Ahmed, W. , Goonetilleke, A. , & Gardner, T. 2010. Human and bovine adenoviruses for the detection of source-specific fecal pollution in coastal waters in Australia. *Water Res*. 44: 4662 – 4673.

Ahmed, W. & Harwood, V. 2017. Human and animal enteric viral markers for tracking the sources of faecal pollution. In Rose, J.B. & Jiménez-Cisneros, B. eds. *Global Water Pathogen Project*. (available at http: //www. waterpathogens. org). Farnleitner, A. & Blanch, A. eds. *Part 2. Indicators and Microbial Source Tracking Markers*. Michigan State University, E. Lansing, MI, UNESCO.) (available at https: //doi. org/10. 14321/ waterpathogens. 8).

Allende, A. , Truchado, P. , Lindqvist, R. & Jacxsens, L. 2018. Quantitative microbial exposure modelling as a tool to evaluate the impact of contamination level of surface irrigation water and seasonality on fecal hygiene indicator *E. coli* in leafy green production. *Food Microbiol*. 75: 82 – 89s.

Ashbolt, N.J. , Grabow W.O.K & Snozzi, M. 2001. Indicators of microbial water quality. In *Water Quality: Guidelines, Standards and Health*. Fewtrell, L. & Bartram, J. eds. London, the United Kingdom, IWA Publishing.

Aw, T.G. , Gin, K.Y. , Ean Oon, L.L. , Chen, E.X. , & Woo, C.H. 2009. Prevalence and genotypes of human noroviruses in tropical urban surface waters and clinical samples in Singapore. *Appl. Environ. Microbiol*. 75: 4984 – 4992.

Bahirathan, M. , Puente, L. & Seyfried, P. 1998. Use of yellow pigmented enterococci as a specific indicator of human and non-human sources of fecal pollution. *Can. J. Microbiol*. 44: 1066 – 1071.

Bain, R. , Bartram, J. , Elliott, M. , Matthews, R. , McMahan, L. , Tung, R. , Chuang, P. & Gundry, S. 2012. A summary catalogue of microbial drinking water tests for low and medium resource settings. *Internat. J. Environ. Res. Public Health*. 9: 1609 – 1625. doi: 10. 3390/ijerph9051609.

Barbosa, J.M.M. , Costa-de-Oliviera, S. , Rodrigues, A.G. , Hanscheid, T. , Shapiro, H. & Pina-Vaz, C. 2007. A flow cytometric protocol for detection of *Cryptosporidium* spp. *Cytometry Part A*. 73A: 44 – 47.

Barker, F. & O'Toole, J. 2019. Is it safe to use untreated greywater to irrigate vegetables in my backyard? In Rose, J. B. &. Jiménez-Cisneros, B. eds. *Global Water Pathogen Project*. (available at http：//www. waterpathogens. org). *Part 5 Case Studies*. Petterson, S. &. Medema, G. eds. Michigan State University, E. Lansing, MI, UNESCO. (available at https：//www. waterpathogens. org/sites/default/files/Is _ it _ safe _ to _ use _ untreated _ greywater _ to _ irrigate _ vegetables _ 0. pdf).

Bastos, R. , Bevilacqua, P. , Silva, C. A. B. & Silva, C. V. 2008. Wastewater irrigation of salad crops：Further evidence for the evaluation of the WHO guidelines. *Water Sci. Technol.* 57：1213 – 1219.

Berney, M. , Hammes, F. , Bosshard, F. , Weilenmann, H. -U. & Egli, T. 2007. Assessment and interpretation of bacterial viability by using the LIVE/DEAD baclight kit in combination with flow cytometry. *Appl. Environ. Microbiol.* 73：3283. https：//doi. org/10. 1128/AEM. 02750 – 0.

Blumenthal, U. J. , Peasey, A. , Ruiz-Palacios, G. & Mara, D. 2000. Guidelines for wastewater reuse in agriculture and aquaculture：recommended revisions based on new research evidence. WELL Study, Task No. ：68 Part 1. Water and Environmental Health at London and Loughborough, London, the United Kingdom.

Boehm A. B. & Soller J. A. 2011. Risks Associated with recreational waters：Pathogens and fecal indicators. In R. A. Meyers. ed. *Encyclopedia of Sustainability Science and Technology*. New York City, Springer.

Brinkman, N. E. , Fout, G. S. & Keely, S. P. 2017. retrospective surveillance of wastewater to examine seasonal dynamics of enterovirus infections. *mSphere* Jun, 2 (3) e00099 – 17；doi：10. 1128/mSphere. 00099 – 17.

Brouwer, C. , Prins, K. , Kay, M. & Heibloem, M. 1985. Irrigation water management：Irrigation methods training manual number 5. FAO Land and Water Development Division. Rome, Italy. (available at http：//www. fao. org/tempref/agl/AGLW/fwm/Manual5. pdf).

Brown, J. , Bir, A. & Bain, R. E. S. 2020. Novel methods for global water safety monitoring：comparative analysis of low-cost, field-ready *E. coli* assays. *npj Clean Water* 3：9. https：//doi. org/10. 1038/s41545 – 020 – 0056 – 8.

Castro-Ibáñez I. , Gil, M. I. , Tudela, J. A. , Ivanek, R. & Allende, A. 2015. Assessment of microbial risk factors and impact of meteorological conditions during production of baby spinach in the Southeast of Spain. *Food Microbiol.* 49：173 – 181.

Ceuppens, S. , Johannessen, G. S. , Allende, A. , Tondo, E. C. , El-Tahan, F. , Sampers, I. , Jacxsens, L. & Uyttendaele, M. 2015. Risk factors for *Salmonella*, Shiga toxin producing *Escherichia coli* and *Campylobacter* occurrence in primary production of leafy greens and strawberries. *Int. J. Environ. Res. Public Health*. 12：9809 – 9831.

Chaiyanan, S. , Chaiyanan, S. , Huq, A. , Maugel, T. & Colwell, R. R. 2001. Viability of the nonculturable *Vibrio cholerae* O1 and O139. *Syst. Appl. Microbiol.* 24：331 – 341.

Chenar, S. S. & Deng, S. 2017. Environmental indicators for human norovirus outbreaks.

Int. J. Environ. Health Res. 27: 40 – 51. doi: 10. 1080/09603123. 2016. 1257705.

Chernicharo, C. A. L. 2007. Anaerobic reactors. Biological wastewater treatment series, v. 6. London, eBooks IWA Publishing. (available at https: //iwaponline. com/ebooks/book/79/Anaerobic-Reactors).

Compton, J. 1991. Nucleic acid sequence-based amplification. *Nature.* 350: 91 – 92. doi: 10. 1038/350091a0.

CPS (Center for Produce Safety). 2014. Agricultural Water: Five year research review. Center for Produce Safety, Davis, CA, USA.

De Keuckelaere, A. , Jacxsens, L. , Amoah, P. , Medema, G. , McClure, P. , Jaykus, L. A. & Uyttendaele, M. 2015. Zero risk does not exist: lessons learned from microbial risk assessment related to use of water and safety of fresh produce. *Comp. Rev. Food Sci. Food Safety.* 14: 387 – 410.

Doyle, M. P. & Erickson, M. C. 2006. Closing the door on the fecal coliform assay. *Microbe Magazine.* 4: 162 – 163.

Dwight, R. H. , Baker, D. B. , Semenza, J. C. & Olson, B. H. 2004. Health effects associated with recreational coastal water use: urban versus rural California. *Amer. J. Public Health.* 94: 565 – 567. https: //doi. org/10. 2105/ajph. 94. 4. 565.

EC (European Commission). 2017. European Commission Notice No. 2017/C 163/01 on Guidance document on addressing microbiological risks in fresh fruit and vegetables at primary production through good hygiene. (available at https: //eur lex. europa. eu/legal-content/EN/TXT/? uri=CELEX%3A52017XC0523%2803%29).

FAO. 1992. Wastewater treatment and use in agriculture-FAO irrigation and drainage paper 47. (available at http: //www. fao. org/3/T0551E/t0551e00. htm).

FAO. 2011. The Water Footprint Assessment Manual-Setting the Global Standard (available at http: //www. fao. org/sustainable-food-value-chains/library/details/en/c/266049/).

FAO. 2020a. Quality and origin program. (available at http: //www. fao. org/in-action/quality-and-origin-program/background/what-is-it/specific-quality/en/.

FAO. 2020b. FAO Publications from Food Safety and Quality Unit (AGFFD). (available at: http://www. fao. org/fileadmin/user _ upload/agns/pdf/Publications/FAO _ FoodSafetyQuality _ AGFFD _ publications _ June _ 2018. pdf).

FAO & WHO. 2007. Codex Alimentarius. Working Principles for Risk Analysis for Food Safety for Application by Governments. CAC/GL 62 – 2007. Rome, FAO.

FAO & WHO. 2008. Codex Alimentarius. Guidelines on the judgement of equivalence of sanitary measures associated with food inspection and certification systems. CAC/GL 53 – 2003. Rome, FAO.

FAO & WHO. 2013. Codex Alimentarius. Principles and guidelines for the conduct of microbiological risk management (MRM). CAC/GL 63 – 2007. Rome, FAO.

FAO & WHO. 2014. Codex Alimentarius. Principles and guidelines for the conduct of microbiological risk assessment. CAC/GL 30 – 1999. Rome，FAO.

FAO & WHO. 2017. Codex Alimentarius. Code of hygienic practice for fresh fruits and vegetables. CXC 53 – 2003. Rome，FAO.

FAO & WHO. 2019. Safety and Quality of Water Used in Food Production and Processing— Meeting report. Microbiological Risk Assessment Series No. 33. Rome，FAO.

FAO & WHO. 2020. Codex Alimentarius. General Principles of Food Hygiene. CXC 1 – 1969. Rome，FAO.

FAO & WHO. 2021. Microbiological risk assessment guidance for food guidance. Microbiological Risk Assessment Series No. 36. Rome，FAO.

Ferguson, D. M. , Moore, D. F. , Getrich, M. A. & Zhowandai, M. H. 2005. Enumeration and speciation of enterococci found in marine and intertidal sediments and coastal water in southern California. *J. Appl. Microbiol.* 99：598 – 608.

Figueras, M. J. & Borrego, J. J. 2010. New perspectives in monitoring drinking water microbial quality. *Int. J. Environ. Res. Pub. Health.* 7：4179 – 4202.

Flannery, J. , Keaveney, S. , Rajko-Nenow, P. , O'Flaherty, V. & Doré, W. 2012. concentration of norovirus during wastewater treatment and its impact on oyster contamination. *Appl. Environ. Microbiol.* 78：3400 – 3406. doi：10. 1128/AEM. 07569 – 11.

Fout, G. S. , Borchardt, M. A. , Kieke, B. A. & Karim, M. R. 2017. Human virus and microbial indicator occurrence in public-supply groundwater systems：meta analysis of 12 international studies. *Hydrogeol. J.* 25：903 – 919. doi：10. 1007/s10040 – 017 – 1581 – 5.

Fuhrmeister, E. R. , Ercumen, A. , Pickering, A. J. *et al.* 2019. Predictors of enteric pathogens in the domestic environment from human and animal sources in rural Bangladesh. *Environ. Sci. Technol.* 53：10023 – 10033. doi：10. 1021/acs. est. 8b07192.

Garcia-Aljaro, C. , Blanch, A. R. , Campos, C. , Jofre, J. & Lucena, F. 2018. Pathogens, faecal indicators and human-specific microbial source-tracking markers in sewage. *J. Appl. Microbiol.* 126：701 – 717.

Gerba, C. P. , Abd-Elmaksoud, S. , Newick, H. , El-Esnawy, N. A. , Barakat, A. & Ghanem, H. 2014. Assessment of coliphage surrogates for testing drinking water treatment devices. *Food Environ. Virol.* 7：27 – 31.

Gerba, C. P. & Pepper, I. L. 2019. Municipal Wastewater Treatment. In M. L. Brusseau, I. L. Pepper & C. P. Gerba. eds. *Environment and Pollution Science* (Third ed.). pp. 393 – 418，583 – 606. Cambridge，Academic Press.

Gombas, D. , Luo, Y. , Brennan, J. , Shergill, G. , Petran, R. , Walsh, R. , Hau, H. , Khurana, K. , Zomorodi, B. , Rosen, J. , Varley, R. & Deng, K. 2017. Guidelines to validate control of cross-contamination during washing of fresh-cut leafy vegetables. *J. Food Prot.* 80：312 – 330.

Gross, A. , Kaplan, D. & Baker, K. 2006. Removal of microorganism from domestic greywater using a recycling vertical flow constructed wetland (RVFCW). *Water Environ.*

Found. 6：6133 – 6141.

Hamilton, A. J. , Stagnitti, F. , Premier, R. , Boland, A. & Hale, G. 2006. Quantitative microbial risk assessment models for consumption of raw vegetables irrigated with reclaimed water. *Appl. Environ. Microbiol.* 72：3284 – 3290.

Haramoto, E. , Kitajima, M. , Hata, A. , Torrey, J. R. , Masago, Y. , Sano, D. & Katayama, H. 2018. A review on recent progress in the detection methods and prevalence of human enteric viruses in water. *Water Res*. 135：168 – 186. https：//doi. org/10. 1016/j. watres. 2018. 02. 004.

Harris, A. R. , Pickering, A. J. , Harris, M. , Doza, S. , Islam, M. S. , Unicomb, L. , Luby, S. , Davis, J. & Boehm, A. B. 2016. Ruminants contribute fecal contamination to the urban household environment in Dhaka，Bangladesh. *Environ. Sci. Technol*. 50：4642 – 4649.

Hindson, B. J. , Ness, K. D. , Masquelier, D. A. , Belgrader, P. *et al*. 2011. High-throughput droplet digital PCR system for absolute quantitation of DNA copy number. *Anal. Chem*. 83：8604 – 8610.

Holvoet, K. , Jacxsens, L. , Sampers, I. & Uyttendaele, M. 2012. Insight in prevalence and distribution of microbial contamination to evaluate water management in fresh produce processing industry. *J. Food Prot*. 75：671 – 681.

Holvoet, K. , De Keuckelaere, A. , Sampers, I. , Van Haute, S. , Stals, A. & Uyttendaele, M. 2014. Quantitative study of cross-contamination with *Escherichia coli*，*E. coli* O157，MS2 phage and murine norovirus in a simulated fresh-cut lettuce wash process. *Food Control*. 37：218 – 227.

Jagadeesan, B. , Gerner-Smidt, P. , Allard, M. W. *et al*. 2019. The use of next generation sequencing for improving food safety：Translation into practice. *Food Microbiol*. 79：96 – 115. doi：10. 1016/j. fm. 2018. 11. 005.

Jofre, J. 2009. Is the replication of somatic coliphages in water environments significant? *J. Appl. Microbiol*. 106：1059 – 1069.

Jones, E. R. , van Vliet, M. T. H. , Qadir, M. & Bierkens, M. F. P. 2021. Country-level and gridded estimates of wastewater production，collection，treatment and reuse. *Earth Syst. Sci. Data*. 13：237 – 254.

Jongman, M. , Carmichael, P. M. & M. Bill. 2020. Technological advances in phytopathogen detection and metagenome profiling techniques. *Curr. Microbiol*. 77：675 – 681. https：//doi. org/10. 1007/s00284 – 020 – 01881 – z.

Karst, S. M. 2010. Pathogenesis of noroviruses，emerging RNA viruses. *Viruses*. 2：748 – 781.

Katayama, H. & Vinjé, J. 2017. Norovirus and other caliciviruses. In Rose，J. B. & Jiménez-Cusneris，B. eds. *Global Water Pathogen Project*. (available at http：//www. waterpathogens. org).

Keserue, H. A. , Füchslin, H. P. & Egli, T. 2011. Rapid detection and enumeration of *Giar-*

dia lamblia cysts in water samples by immunomagnetic separation and flow cytometric analysis. *Appl. Environ. Microbiol.* 77：5420 – 5427.

Kongprajug, A. , Mongkolsuk, S. & Sirikanchana, K. 2019. CrAssphage as a potential human sewage marker for microbial source tracking in Southeast Asia. *Environ. Sci. Technol.* (letters). 6：159 – 164.

Korajkic, A. , McMinn, B. R. & Harwood, V. J. 2018. Relationships between microbial indicators and pathogens in recreational water settings. *Int. J. Environ. Res. Public Health.* 13：2842. doi：10. 3390/ijerph15122842. PMID：30551597；PMCID：PMC6313479.

Lee, S. J. , Si, J. , Yun, H. S. & Ko, G. 2015. Effect of temperature and relative humidity on the survival of foodborne viruses during food storage. *Appl Environ Microbiol.* 81：2075 – 2081. （available at https：//www. ncbi. nlm. nih. gov/pmc/articles/PMC4345369/）.

Li. X. , Harwood, V. J. , Nayak, B. , Staley, C. , Sadowsky, M. J. & Weidhaas, J. 2015. A novel microbial source tracking microarray for pathogen detection and fecal source identification in environmental systems. *Environ. Sci. Technol.* 49：7319 – 7329.

Macarisin, D. , Wooten, A. , De Jesus, A. , Hur, M. , Bae, S. , Patel, J. , Evans, P. , Brown, E. , Hammack, T. & Chen, Y. 2017. Internalization of *Listeria monocytogenes* in cantaloupes during dump tank washing and hydrocooling. *Int. J. Food Microbiol.* 18：257：165 – 175. doi：10. 1016/j. ijfoodmicro. 2017. 06. 018.

Manafi, M. 2016. Detection of Specific Taxa Using Chromogenic and Fluorogenic Media. In *Manual of Environmental Microbiology.* eds. M. V. Yates, C. H. Nakatsu, R. V. Miller & S. D. Pillai). Wiley Online Library. https：//doi. org/10. 1128/9781555818821. ch2. 1. 1.

Mara, D. 2003. Domestic wastewater treatment in developing countries. London，Earthscan.

McEgan, R. , Mootian, G. , Goodridge, L. D. , Schaffner, D. W. & Danyluk, M. D. 2013. Predicting *Salmonella* populations from biological，chemical，and physical indicators in Florida surface waters. *Appl. Environ. Microbiol.* 79：4094 – 4105.

McEntire, J. & Gorny, J. 2017. Fixing FSMA's Ag water requirements. *Food Safety Magazine*，August/September，2017. （available at https：//www. foodsafetymagazine. com/magazine-archive1/augustseptember-2017/fixing-fsmae28099s-ag-water requirements/）.

McMinn, B. R. , Ashbolt, N. J. & Korajkic, A. 2017. Bacteriophages as indicators of faecal pollution and enteric virus removal. *Lett Appl. Microbiol.* 65：11 – 26.

Moran-Gilad, J. 2017. Whole genome sequencing （WGS） for food-borne pathogen surveillance and control-taking the pulse. *EuroSurveill.* 22：pii＝30547. （available at https：//doi. org/10. 2807/1560 – 7917. ES. 2017. 22. 23. 30547）.

Naravaneni, R. & Jamil, K. 2005. Rapid detection of food-borne pathogens by using molecular techniques. *J. Med. Microbiol.* 54：51 – 54.

Ndoja, S. & Lima, H. 2017. 4-Monoclonal Antibodies. In Thomaz-Soccol, V. , Pandey, A. & Resende，R. R. , eds. *Current Developments in Biotechnology and Bioengineering.* p. 71 – 95. Amsterdam，Elsevier.

Notomi, T. , Okayama, H. , Masubuchi, H. , Yonekawa, T. , Watanabe, K. , Amino, N. & Hase, T. 2000. Loop-mediated isothermal amplification of DNA. *Nucleic Acids Res.* 28: E63.

Ottoson, J. & Stenström, T. A. 2003. Faecal contamination of greywater and associated microbial risks. *Water Res.* 37: 645 – 655.

Pachepsky, Y. , Shelton, D. R. , McLain, J. E. T. , Patel, J. & Robert, E. 2011. Irrigation waters as a source of pathogenic microorganisms in produce: A review. *Adv. Agron.* 113: 73 – 138.

Pachepsky, Y. , Shelton, D. , Dorner, S. & Whelan, G. 2016. Can *E. coli* or thermotolerant coliform concentrations predict pathogen presence or prevalence in irrigation waters? *Crit. Rev. Microbiol.* 42: 384 – 393.

Pachepsky, Y. A. , Allende, A. , Boithias, L. , Cho, K. , Jamieson, R. , Hofstra, N. & Molina, M. 2018. Microbial water quality: monitoring and modeling. *J. Environ. Qual.* 47: 931 – 938.

Payment, P. & Locas, A. 2011. Pathogens in water: value and limits of correlations with microbial indicators. *Ground Water.* 49: 4 – 11.

Pinheiro, L. B. , Coleman, V. A. , Hindson, C. M. , Herrmann, J. , Hindson, B. J, Bhat, S. & Emslie, K. R. 2012. Evaluation of a droplet digital polymerase chain reaction format for DNA copy number quantification. *Anal. Chem.* 84: 1003 – 1011.

Priyanka, B. , Patil, R. K. & Dwarakanath, S. 2016. A review on detection methods used for foodborne pathogens. *Indian J. Med. Res.* 144: 327 – 338. doi: 10.4103/0971 – 5916.198677.

Ravaliya, K. , Gentry-Shields, J. , Garcia, S. , Heredia, N. , Fabiszewski de Aceituno, A. , Bartz, F. E. , Leon, J. S. & Jaykus, L. A. 2014. Use of bacteroidales microbial source tracking to monitor fecal contamination in fresh produce production. *Appl. Environ. Microbiol.* 80: 612 – 617.

Reyneke, B. , Ndlovu, T. , Khan, S. & Khan, W. 2017. Comparison of EMA-, PMA- and DNase qPCR for the determination of microbial cell viability. *Appl. Microbiol. Biotechnol.* 101: 7371 – 7383. https: //doi. org/10. 1007/s00253 – 017 – 8471 – 6.

Reynolds K. A. 2004. Integrated Cell Culture/PCR for detection of enteric viruses in environmental samples. *Methods Mol. Biol.* 268: 69 – 78.

Saxena, G. Bharagava, R. N. , Kaithwas, G. & Raj, A. 2015. Microbial indicators, pathogens and methods for their monitoring in water environment. *J. Water Health.* 13 (2): 319 – 339.

Shi, K. -W. , Wang, C. W. & Jiang, S. C. 2018. Quantitative microbial risk assessment of greywater on-site reuse. *Sci. Total Environ.* 635: 1507 – 1519.

Solomon, E. B. , Potenski, C. J. & Matthews, K. R. 2002. Effect of irrigation method on transmission to and persistence of *Escherichia coli* O157 ∶ H7 on lettuce. *J. Food Prot.*

65: 673 - 676.

Stachler, E., Akyon, B., Aquino de Carvalho, N., Ference, C. & Bibby, K. 2018. Correlation of crAssphage qPCR markers with culturable and molecular indicators of human fecal pollution in an impacted urban watershed. *Environ. Sci. Technol.* 52: 7505 - 7512.

Safford, H. R. & Bischel, H. N. 2019. Flow cytometry applications in water treatment, distribution, and reuse: a review. *Water Res.* 151: 110 - 133.

Standing, T. -A., du Plessis, E., Duvenage, S. & Korsten, L. 2013. Internalisation potential *of Escherichia coli* O157: H7, *Listeria monocytogenes*, *Salmonella enterica* subsp. *enterica* serovar *Typhimurium* and *Staphylococcus aureus* in lettuce seedlings and mature plants. *J. Water Health*. 11: 210 - 223.

Stauber, C., Miller, C., Cantrell, B. & Kroell, K. 2014. Evaluation of the compartment bag test for the detection of *Escherichia coli* in water. *J. Microbiol. Meth.* 99: 66 - 70.

Suslow, T. V. 2010. Standards for irrigation and foliar contact water. (available at http://www.pewtrusts.org/~/media/assets/2009/pspwatersuslow1pdf.pdf).

Teixeira, P., Dias, D., Costa, S., Brown, B., Silva, S., Valério, E. 2020. *Bacteroides* spp. and traditional fecal indicator bacteria in water quality assessment—An integrated approach for hydric resources management in urban centers. *J. Environ. Management*. 271: 110989.

Tchobanoglous, G., Burton, F. & Stensel, H. D. 2003. Revision of Metcalf & Eddy, Inc., Wastewater engineering: treatment and reuse. Ann Arbor, MI., McGraw-Hill Education.

Timme, R. E., Rand, H., Sanchez Leon, M., Hoffmann, M., Strain, E., Allard, M., Roberson, D. & Baugher, J. D. 2018. GenomeTrakr proficiency testing for foodborne pathogen surveillance: an exercise from 2015. *Microbiol. Genom.* 4: e000185. https://doi.org/10.1099/mgen.0.000185.

Truchado, P., Hernandez, N., Gil, M. I., Ivanek, R. & Allende, A. 2018. Correlation between *E. coli* levels and the presence of foodborne pathogens in surface irrigation water: Establishment of a sampling program. *Water Res.* 128: 226 - 233.

UNICEF & WHO. 2018. Core questions on water, sanitation and hygiene for household surveys: 2018 update. New York: United Nations Children's Fund (UNICEF) and World Health Organization, 2018. (available at https://washdata.org/sites/default/files/documents/reports/2019-05/JMP-2018-core-questions-for-household surveys.pdf).

USA EPA (United States of America Environmental Protection Agency). 2003. Control of pathogens and vector attraction in sewage sludge (including domestic septage). Under 40 CFR Part 503. (available at https://www.epa.gov/sites/production/files/2015-04/documents/control_of_pathogens_and_vector_attraction_in_sewage_sludge_july_2003.pdf).

USA EPA. 2012. Guidelines for water reuse. EPA/600/R-12/618. Washington, DC, USA. (available at https://www3.epa.gov/region1/npdes/merrimackstation/pdfs/ar/AR-1530.pdf).

USA EPA. 2015. Recreational Water Quality Criteria. Office of Water, United States Environmental Protection Agency. (available at https：//www. epa. gov/sites/production/files/2015-10/documents/rwqc2012. pdf).

USA FDA. 2017a. Potential for infiltration，survival，and growth of human pathogens within fruits and vegetables. (available at https：//www. fda. gov/food/hazard analysis-critical-control-point-haccp/potential-infiltration-survival-and-growth human-pathogens-within-fruits-and-vegetables.

USA FDA. 2017b. Environmental assessment of factors potentially contributing to the contamination of romaine lettuce implicated in a multi-state outbreak of *E. coli* O157：H7. (available at https：//www. fda. gov/food/outbreaks-foodborne-illness/environmental-assessment-factors-potentially-contributing-contamination romaine-lettuce-implicated).

USA FDA. 2019. Factors potentially contributing to the contamination of romaine lettuce implicated in the fall 2018 multi-state outbreak of *E. coli* O157：H7. (available at https：//www. fda. gov/food/outbreaks-foodborne-illness/investigation-summary factors-potentially-contributing-contamination-romaine-lettuce-implicated-fall).

USA FDA. 2020. GenomeTrakr Network. (available at https：//www. fda. gov/food/whole genome-sequencing-wgs-program/genometrakr-network).

Vidic, J.，Vizzini, P.，Manzano, M.，Kavanaugh, D.，Ramarao, N.，Zivkovic, M.，Radonic，V.，Knezevic, N.，Giouroudi, I. & Gadjanski, I. 2019. Point-of-Need DNA testing for detection of foodborne pathogenic bacteria. *Sensors（Basel，Switzerland）*. 19：1100.

Vierheilig, J.，Frick, C.，Mayer, R. E.，Kirschner, A. K. T.，Reischer, G. H.，Derx, J.，Mach, R. L.，Sommer R. & Farnleitner. A. H. 2013. *Clostridium perfringens* is not suitable for the indication of fecal pollution from ruminant wildlife but is associated with excreta from nonherbivorous animals and human sewage. *Appl. Environ. Microbiol.* 79：5089.

WHO. 2005. Water Safety Plans. Managing drinking-water quality from catchment to consumer. (available at https：//www. who. int/publications/i/item/WHO-SDE WSH-05. 06).

WHO. 2006a. WHO Guidelines for the safe use of wastewater，excreta and greywater Volumes 1 - 4. (available at https：//www. who. int/water _ sanitation _ health/sanitation waste/wastewater/wastewater-publications/en/).

WHO. 2006b. Protecting Groundwater for Health. Managing the Quality of Drinking water Sources. (available at https：//www. who. int/publications/i/item/9241546689).

WHO. 2009. Water safety plan manual（WSP manual）. Step-by-step risk management for drinking-water suppliers. (available at https：//www. who. int/publications/i/item/9789241562638).

WHO. 2011a. *Evaluating household water treatment options：health-based targets and microbiological performance specifications*. (available at https：//www. who. int/publications/i/item/9789241548229).

WHO. 2011b. Safe drinking-water from desalination (available at https：//www. who. int/publications/i/item/WHO-HSE-WSH-11. 03).

WHO. 2012. 5 Keys to growing safer fruits and vegetables. Promoting health by decreasing microbial contamination. (available at https：//apps. who. int/iris/bitstream/handle/10665/75196/9789241504003 _ eng. pdf；jsessionid＝2CAF7363A861535F85B15FF62FBA839C? sequence＝1).

WHO. 2016a. Protecting surface water for health. Identifying，assessing and managing drinking-water quality risks in surface-water catchments. World Health Organization 2016. (available at https：//apps. who. int/iris/handle/10665/246196).

WHO. 2016b. Quantitative microbial risk assessment. Application for water safety management. Updated November 2016. (available at https：//www. who. int/publications/i/item/9789241565370).

WHO. 2016c. Sanitation safety planning. Manual for safe use and disposal of wastewater，greywater and excreta. (available at https：//www. who. int/publications/i/item/9789241549240).

WHO. 2017a. WHO Guidelines for Drinking-Water Quality：fourth edition incorporating the first Addendum. Geneva：World Health Organization；2017. (available at https：//www. who. int/publications/i/item/9789241549950).

WHO. 2017b. Potable reuse：Guidance for producing safe drinking-water. (available at https：//www. who. int/publications/i/item/9789241512770).

WHO. 2017c. Water safety planning. A roadmap to supporting resources. (available at https：//www. who. int/water _ sanitation _ health/publications/water-safety planning-roadmap/en/).

WHO. 2020. Microbiological risk assessment series. (available at https：//www. who. int/activities/assessing-microbiological-risks-in-food).

WHO & UNICEF. 2012. Rapid assessment of drinking-water quality：a handbook for implementation. (available at https：//www. who. int/publications/i/item/789241504683).

WHO & UNICEF. 2017. Progress on drinking water，sanitation and hygiene (available at https：//www. who. int/publications/i/item/9789241512893).

Wu, Z. , Greaves, J. , Arp, L. , Stone, D. & Bibby, K. 2020. Comparative fate of CrAssphage with culturable and molecular fecal pollution indicators during activated sludge wastewater treatment. *Environment Internat.* 136：105452. https：//doi. org/10. 1016/j. envint. 2019. 105452.

附件 1 食品和水的微生物安全管理中使用的术语比较

风险管理

法典食品安全风险管理	世界卫生组织的饮用水质量准则
适当的卫生保护水平（ALOP）：建立国家认为适当的保护水平卫生措施，以保护其境内的人类生命或健康（这个概念也可以称为"可接受的风险水平"）（粮农组织和世卫组织，2008）。	**健康结果目标**：定义可承受的疾病负担。在国家层面设定的高级别政策目标，用于为绩效、水质和特定技术目标的推导提供信息（世卫组织，2017）。 世卫组织的准则规定，可承受的疾病负担为每人每年 10^{-6} 个伤残调整寿命年（世卫组织，2017）。
食品质量：一个更广泛的概念，与消费者的需求或期望有关，它既可以是客观的，也可以是主观的，包括以下要素，如食品安全、营养质量、环境保护、地理来源、当地传统、道德和社会质量、动物福利等（粮农组织，2021）。	**饮用水质量**：指与用于保护或改善饮用水质量，从而改善人类健康的指导性目标值（世卫组织，2017）。
食品安全：保证食品在按照预定用途准备和食用时，不会对消费者的健康造成不利影响（粮农组织和世卫组织，2020）。	**安全饮用水**：按照世卫组织准则的定义，一个人终身饮用，也不会对健康产生危害的饮用水，在生命不同阶段人体敏感度发生变化时，也是如此（世卫组织，2017）。
食品安全目标：针对消费时食品中危害的最大频率和浓度，提供或给予适当卫生水平的保护（粮农组织和世卫组织，2018）。	**基于健康的目标**：根据对安全的判断和对水传播危害的风险评估制定的可衡量的健康、水质或性能目标（世卫组织，2017）。 世卫组织（2017）描述了四种不同类型的基于健康的目标，适用于所有类型的危害和水供应：①健康结果目标；②水质目标；③绩效目标；④特定技术目标。
微生物含量准则：微生物含量准则是一种风险管理指标，它表明食品的可接受性，或微生物采样和测试结果后的过程，或食品安全控制系统的性能，与食物链特定点的致病性或其他特征相关的毒素或代谢物或标记物（例如，与二级抽样计划相关的微生物限值（粮农组织和世卫组织，2013b）。	

（续）

法典食品安全风险管理	世界卫生组织的饮用水质量准则
监测：微生物风险管理（MRM）、危害分析和关键控制点系统中使用的术语。 在 MRM 中：一个基本的微生物风险管理过程，包括不断地收集、分析和解释与食品安全控制系统性能有关的数据，在这种情况下被称为监测。监测对于建立一个比较新的微生物风险管理活动有效性的基线至关重要。它还可以提供信息，管理者可利用这些信息来确定采取哪些措施，以进一步降低风险，提升公共健康水平。风险管理方案应努力实现公共健康的持续改善（粮农组织和世卫组织，2013a）。 监测活动可以包括收集和分析以下方面的数据： • 监测人类的临床疾病，以及可能影响人类的动植物疾病。 • 暴发性疾病的流行病学调查和其他特别研究。 • 基于对从人类、植物、动物、食品和食品加工环境中分离出来的病原体的实验室检测，对相关的食源性危害进行监测。 • 关于环境卫生实践和做法程序的数据信息。 • 对食品工人和消费者的习惯和做法进行行为风险因素监测。 在危害分析和关键控制点系统中：对控制参数进行有计划的观察或测量，以评估控制措施是否为有效举措（粮农组织和世卫组织，2020）。	世卫组织微生物监测（世卫组织，2017）目的有很多，包括： • 验证； • 业务监测； • 核查； • 监视； • 确定绩效目标的水源监测； • 为微生物风险定量评估收集数据的支持文件。 **运行监测**：运行监测是进行有计划的观察或测量，以评估控制饮用水系统中的措施是否正常运行（世卫组织，2017）。
性能目标：在消费前，在食物链的某一特定步骤中，针对危害的最大频率或浓度，提供或给予适当卫生水平的保护（粮农组织和世卫组织，2018）。	**水质目标**：指导值：化学品危害；个人化学品风险评估。 微生物水质通常不适用水质目标；大肠杆菌被用作粪便污染的指标，并用于验证水质（世卫组织，2017）。
性能标准（PC）：必须通过一项或多项控制措施来获悉食品中危害的频率或浓度的影响，以提供或助力实现性能目标或食品安全目标（粮农组织和世卫组织，2018）。	**性能目标**：指定清除危险。 微生物危害（以对数减少量表示）。供水者根据微生物定量风险评估和健康结果目标制定的特定目标，或在国家层面制定的一般性目标。 化学危害（以去除百分比表示）。供水者根据化学指导值或在国家层面制定的一般性目标来制定特定目标（世卫组织，2017，2016）。

63

（续）

法典食品安全风险管理	世界卫生组织的饮用水质量准则
风险分析：管理与食品相关的人类健康风险的总体框架。这一流程包括三个组成部分：风险评估、风险管理和风险沟通（粮农组织和世卫组织，2007，2018）。 **风险评估**：一个基于科学的过程，包括以下步骤：①危害识别；②危害特征描述；③暴露评估；④风险特征描述（粮农组织和世卫组织，2018）。它应该以科学数据为基础，采取全食物链方法（粮农组织和世界卫生组织，2007、2018）。 **风险管理**：与风险评估不同的过程是，与所有相关方协商，权衡政策选择，考虑风险评估和其他与消费者健康保护及促进公平贸易做法相关的因素，如果需要，选择适当的预防和控制方案（粮农组织和世卫组织，2018）。 **风险沟通**：在整个风险过程中，信息和意见的互动交流。在风险评估员、风险管理者、消费者、工业界、学术界和其他有关各方之间进行有关风险、风险相关因素和风险认知的分析过程，包括对风险评估结果的解释和风险管理决定的依据（粮农组织和世卫组织，2018）。 **危害分析与关键控制点计划**：根据危害分析和关键控制点原则编制的文件或一组文件，以确保食品业务中的重大危害得到控制（粮农组织和世卫组织，2020）。 **危害分析与关键控制点系统**：制定危害分析与关键控制点计划，并根据该计划实施程序（粮农组织和世卫组织，2020）。	**水安全计划**：一种全面的风险评估和风险管理方法，包括从集水区到消费者供水的所有步骤。它借鉴了其他风险管理方法的许多原则和概念，特别是多屏障方法和食品行业中使用的危害分析与关键控制点系统（世卫组织，2017）。
验证：获得证据，证明一项控制措施或控制措施的组合，如果实施得当，能够将危害控制在特定的结果中（粮农组织和世卫组织，2020）。	**验证**：涉及获取有关控制措施实施情况的证据（世卫组织，2017）。
核查：除监测外，还有应用方法、程序、测试和其他评价，以确定一项控制措施是否正在或已经按预期运行（粮农组织和世卫组织，2020）。	**核查**：对饮用水供应链的整体性能和供应给消费者的饮用水的安全性进行最后检查（世卫组织，2017）。

风险评估步骤

注意：将这些步骤在栏目和编号上对齐并不意味着它们是等同的。

法典微生物风险评估准则（粮农组织和世卫组织，2014）	世卫组织统一的微生物定量风险评估框架（世卫组织，2016）
1. 危害识别：识别能够对健康造成不利影响的生物、化学和物理制剂，这些制剂可能存在于特定食品或一组食品中。	**1. 问题表述**：风险评估的总体背景（参考病原体、暴露途径、危险事件和感兴趣的健康结果）得到了定义和约束，以成功地针对必须解决的特定风险管理问题。
2. 危害定性：对可能存在于食品中的生物、化学和物理制剂相关的不良健康影响的性质进行定性或定量评价。就微生物风险评估而言，这些关注点与微生物和其毒素有关。	**2. 健康影响评估**：为每种参考病原体确定剂量-反应关系（将接触剂量与感染或患病的概率联系起来）以及发病和死亡的概率（取决于评估的健康终点）。
3. 暴露评估：对通过食物可能摄入的生物、化学和物理制剂以及其他相关来源的暴露进行定性或定量评估。	**3. 暴露评估**：对通过确定的暴露途径和危险事件接触每种参考病原体的程度和频率进行量化。
4. 风险定性：确定定性或定量估计的过程，包括附带的不确定性。基于1~3的已知或潜在不良健康影响在特定人群中发生的概率和严重程度。	**4. 风险特征描述**：将2和3的信息结合起来，产生一个定量的风险测量。

参考文献

FAO. 2021. Quality and Origin Program［Online］. Rome.［Cited 11 June 2021］. http：//www. fao. org/in-action/quality-and-origin-program/background/what-is-it/specific-quality/en/.

FAO & WHO. 2007. Codex Alimentarius. Working Principles for Risk Analysis for Food Safety for Application by Governments. CAC/GL 62 - 2007. Rome，FAO.

FAO & WHO. 2008. Codex Alimentarius. Guidelines on the judgement of equivalence of sanitary measures associated with food inspection and certification systems. CAC/GL 53 - 2003. Rome，FAO.

FAO & WHO. 2013a. Codex Alimentarius. Principles and guidelines for the conduct of microbiological risk management（MRM）. CAC/GL 63 - 2007. Rome，FAO.

FAO & WHO. 2013b. Codex Alimentarius. Principles and guidelines for the establishment and application of microbiological criteria related to foods. CAC/GL 21 - 1997. Rome，FAO.

FAO & WHO. 2014. Codex Alimentarius. Principles and guidelines for the conduct of microbiological risk assessment. CAC/GL 30 - 1999. Rome，FAO.

FAO & WHO. 2018. Codex Alimentarius. Procedural Manual of the Codex Alimentarius

Commission 26th edition. Section IV: Risk Analysis Definitions of risk analysis terms related to food safety. Rome，FAO.（available at http：//www. fao. org/documents/card/en/c/I8608EN/）.

FAO & WHO. 2020. Codex Alimentarius. General Principles of Food Hygiene. CXC 1 - 1969. Rome，FAO.

WHO. 2016. Quantitative microbial risk assessment. Application for water safety management. Updated November 2016.（available at https：//www. who. int/publications/i/item/9789241565370）.

WHO. 2017. WHO Guidelines for Drinking-Water Quality：fourth edition incorporating the first Addendum. Geneva：World Health Organization；2017.（available at https：//www. who. int/publications/i/item/9789241549950）.

附件2 水质管理风险评估方法的比较

表格中的信息是基于世卫组织微生物定量风险评估水安全管理的应用，2016。（可访问 https://www.who.int/publications/i/item/9789241565370）。

风险评估方法	特点	应用实例	优势	弱点	复杂程度	需要的专业知识	所需资源	费用
定性风险评估（环境卫生检查）	描述性风险评估。协助识别当地最重要的危害。污染路径和控制点。检查可以包括一份用于水系统的计算风险评分和分类的风险因素。分类风险评分优先事项。通过将风险评分分类结果与水质监视项目，如大肠杆菌计数相结合，可以增加数值	适用于小型供水系统 用于告知更复杂的风险评估及区域和国家优先事项 可以用于监视项目	很简单 需要最少的资源 对小型供水系统很有价值	基于有限的视觉信息，并没有考虑到条件和实践中的可变性 没有确定风险因素的优先级	最低 很简单 可以基于现场考察 定性信息和观测调查	最低 具有相关经验或知识的卫生检查员或社区成员	很少，现场考察 可以根据当地情况修改的标准化世卫组织表格或检查清单	最低

（续）

风险评估方法	特点	应用实例	优势	弱点	复杂程度	需要的专业知识	所需资源	费用
半成品量化风险评估（风险矩阵）	结合风险发生的可能性和后果的严重程度而进行的定量或半定量风险评估	用于评估水质的风险范围	更全面基于关于危险和危险事件的更广泛的信息。提供风险评分或评级	它依靠专家的判断，也可以是主观的	中等	中等。需要在广泛的水管理技能领域的专业知识和良好的判断力。可以通过参考数据库和工具来支持	危险事件发生频率和危险的严重程度的数据库或历史记录	中等
量化风险评估	基于科学数据和统计推断的系统过程	用于评估风险管理的优先级或控制策略	精确、循证、客观和透明的方法。可以考虑假设、不确定性和可变性	关于病原体及病原体在水中、粮食生产系统过程中的行为的现有数据有限	最高	最高；需要具有多种技能的团队，如风险管理、技术微生物风险评估专业知识	如上所述，再加上关于病原体发生、暴露和健康结果的定量数据或假设。可能需要计算机分析工具	最高

附件 3　不同微生物检测方法的优势和劣势

方法	优势	劣势	参考文献
基于培养的方法			
存活率总数	• 易于应用 • 可用的国际标准方法	• 昂贵 • 及时 • 非特异性	
丰富的内容	• 扩增目标微生物 • 损伤细胞的恢复	• 昂贵 • 及时 • 定量测量的损失，除了最可能数（MPN）方法	
基于非培养的方法			
聚合酶链式反应（PCR）	• 高特异性和高灵敏性 • 可靠性 • 自动化	• 能检测到活细胞和非活细胞 • 对聚合酶链式反应抑制剂很敏感 • 需要有效的前期设计 • 假阳性结果（对污染非常敏感） • 需要聚合酶链式反应后的程序，如凝胶电泳	Mandal 等，2011 Park 等，2014 Zhang，2013
多重聚合酶链式反应（mPCR）	• 高特异性和高灵敏性 • 可靠的 • 检测多个（≥5个）目标/反应 • 自动化 • 节省时间	• 与聚合酶链式反应相同（上文） • 优化和排除故障比聚合酶链式反应更困难	Chen 等，2012 Mandal 等，2011 Park 等，2014 Zhang，2013
实时定量聚合酶链式反应（qPCR）	• 高特异性和高灵敏性 • 可靠 • 自动化 • 实时监测 • 高通量分析	• 同上 • 试剂的可用性 • 运营成本高 • 设备及其更换费用 • 设备维护 • 需要标准化	Mandal 等，2011 Park 等，2014 Zhang，2013

（续）

方法	优势	劣势	参考文献
微滴式数字聚合酶链式反应（ddPCR）	• 高特异性和高灵敏性 • 可靠 • 没有聚合酶链式反应产物的可视化 • 高通量分析 • 简化的量化方法	• 对聚合酶链式反应抑制剂很敏感 • 高技能的业务人员 • 交叉污染的可能性更大 • 昂贵的设备和更换成本 • 设备维护	Hindson 等，2011
基于核酸序列的扩增法（NASBA）	• 可区分的非活细胞 • 高通量分析 • 灵敏性和特异性 • 低成本 • 不需要热循环	• 将不会检测到非活菌（过去有污染或有效消毒的证据）	Zhao 等，2014，Simpkins 等，2000
循环介导等温扩增法（LAMP）	• 高特异性和高灵敏性 • 低成本 • 操作简便 • 不需要热循环	• 复杂的前期设计 • 建议采取的额外确认步骤（扩增的目标应进行测序）	Zhao 等，2014
寡核苷酸 DNA 微阵列	• 高通量分析 • 成本效益高 • 多种病原体检测 • 特异性血清型检测	• 难以区分活细胞和非活细胞 • 需要技术熟练人员 • 需要标记目标基因 • 需要寡核苷酸探针 • 灵敏性低于定量聚合酶链式反应 • 初始设备成本和维护费用高	Mandal 等，2011 Park 等，2014
流式细胞仪	• 自动化和高通量 • 可以是实时的 • 定量	• 高成本 • 非自体荧光细胞需要标记 • 初始设备成本和维护费用高	Van Nevel 等，2017 Wang 等，2010
基于生物传感器的方法			
光学生物传感器	• 易于操作 • 灵敏 • 试剂缺失 • 实时或近实时检测 • 没有样品预富集 • 自动化和快速的吞吐量	• 高成本 • 试剂的保质期	Taylor 等，2006 Zhang，2013

（续）

方法	优势	劣势	参考文献
质量生物传感器	• 易于操作 • 成本效益高 • 实时检测 • 试剂缺失 • 不需要样品预富集	• 较低的特异性和灵敏性 • 多个洗涤和干燥步骤 • 孵化期长 • 晶体表面再生有潜在的问题	Mandal 等，2011 Zhang，2013
电化学生物传感器	• 易于操作 • 试剂缺失 • 处理大量样品的能力 • 自动化 • 没有样品预富集	• 低特异性 • 费力 • 样品中需要大量的微生物 • 食物基质可能会干扰分析	Zhang，2013
测序			
焦磷酸测序	• 宏基因组高通量测序	• 表示微生物的存在，而不是活性或存活率 • 然而，目标 DNA 的存在意味着在某个时间点上具有灵活性	Higgins 等，2018
全基因组测序	• 高特异性	• 需要数据分析、生物信息学经验和知识 • 昂贵	Moran-Gilad，2017
Illumina 测序	• 高特异性和高灵敏性 • 在一系列广泛的领域进行测序，在基因组学、转录组学和表观基因组学中应用	• 需要高水平的技术投入和生物信息学专业知识 • 昂贵 • 据报道，样品加载挑战导致集群重叠、序列质量差，提升了序列复杂度，阻碍了高通量测序平台的绝对成功	Slatko、Gardner 和 Ausubel，2018
基于免疫学的方法			
酶联免疫吸附试验（ELISA）	• 对某些血清的特异性 • 细菌毒素检测 • 自动化 • 时效性 • 适用于高通量	• 灵敏性低 • 在密切相关的抗原中可能发生交叉反应，导致假阳性结果 • 需要进行预强化 • 需要技术熟练的人员 • 需要进行抗体或抗原标记	Zhang，2013 Zhao 等，2014

（续）

方法	优势	劣势	参考文献
侧流免疫分析法	• 易于使用 • 高特异性和高灵敏性 • 细菌毒素检测 • 低成本	• 需要进行抗体或抗原标记	Zhao 等，2014
其他方法和技术			
变性胶梯度凝胶电泳	• 可用于研究多样性 • 有效研究病原体的活性	• 在运行系统时需要技术投入 • 下一代分析技术的灵敏度超过了变性胶梯度凝胶电泳的灵敏度	Ercolini，2004
基质辅助激光解吸离子飞行质谱	• 自动化、高通量 • 快速 • 一旦建立，价格低廉	• 初始费用昂贵	Jadhav 等，2018

参考文献

Chen, J. , Tang, J. , Liu, J. , Cai Z. & Bai, X. 2012. Development and evaluation of a multiplex PCR for simultaneous detection of five foodborne pathogens. *J. Appl. Microbiol.* 112：823 – 30. *doi*：10. 1111/*j*. 1365 – 2672. 2012. 05240. *x*. *Epub Feb 7*. PMID：22268759.

Ercolini, D. 2004. PCR-DGGE fingerprinting：Novel strategies for detection of microbes in food. *J. Microbiol. Methods.* 56：297 – 314.

Hindson, B. J. , Ness, K. D. , Masquelier, D. A. , Belgrader, P. et al. 2011. High-throughput droplet digital PCR system for absolute quantitation of DNA copy number. *Anal. Chem.* 83：8604 – 8610.

Higgins, D. , Pal, C. , Sulaiman, I. M. , Jia, C. , Zerwekh, T. , Dowd, S. E. & Banerjee, P. 2018. Application of high-throughput pyrosequencing in the analysis of microbiota of food commodities procured from small and large retail outlets in a U. S. metropolitan area-A pilot study. Food Res，Int. 105：29 – 40.

Jadhav, S. R. , Shah, R. M. , Karpe, A. V. , Morrison, P. D. , Kouremenos, K. , Beale, D. J. & Palombo, E. A. 2018. Detection of foodborne pathogens using proteomics and metabolomics-based approaches. *Front. Microbiol.* 9：3132. https：//doi. org/10. 3389/fmicb. 2018. 03132.

Mandal, P. K. , Biswas, A. K. , Choi, K. &Pal, U. K. 2011. Methods for Rapid Detection of Foodborne Pathogens：An Overview. *Amer. J. Food Technol.* 6：87 – 102.

Moran-Gilad, J. 2017. Whole genome sequencing（WGS）for food-borne pathogen surveillance and control-taking the pulse. *EuroSurveill*. 22: *pii*=30547. (available at https: // doi. org/10. 2807/1560 – 7917. ES. 2017. 22. 23. 30547).

Park, S. H. , Aydin, M. , Khatiwara, A. , Dolan, M. C. , Gilmore, D. F. , Bouldin, J. L. , Ahn, S. & Ricke, S. C. 2014. Current and emerging technologies for rapid detection and characterization of *Salmonella in poultry and poultry products*. *Food Microbiol*. 38: 250 – 62. *doi*: 10. 1016/*j. fm*. 2013. 10. 002.

Simpkins, S. A. , Chan, A. B. , Hays, J. , Pöpping, B. & Cook, N. 2000. An RNA transcription based amplification technique (NASBA) for the detection of viable *Salmonella enterica*. Lett. Appl. Microbiol. 30: 75 – 9. Erratum in: *Lett Appl. Microbiol*. 2000. 31: 186. PMID: 10728566. doi: 10. 1046/j. 1472 – 765x. 2000. 00670. x.

Slatko, B. E. , Gardner, A. F. & Ausubel, F. M. 2018. Overview of Next-Generation Sequencing Technologies. *Curr. Protoc. Mol. Biol*. 122: e59. doi: 10. 1002/cpmb. 59.

Taylor, A. D. , Ladd, J. , Yu, Q. , Chen, S. , Homola, J. & Jiang, S. 2006. Quantitative and simultaneous detection of four foodborne bacterial pathogens with a multi-channel SPR sensor. *Biosens. Bioelectron*. 22: 752 – 8.

Van Nevel, S. , Koetzsch, S. , Proctor, C. R. , Besmer, M. D. , Prest, E. I. , Vrouwenvelder, J. S. , Knezev, A. , Boon, N. & Hammes, F. 2017. Flow cytometric bacterial cell counts challenge conventional heterotrophic plate counts for routine microbiological drinking water monitoring. *Water Res*. 113: 191 – 206.

Wang, Y. , Hammes, F. , De Roy, K. , Verstraete, W. & Boon, N. 2010. Past, present and future applications of flow cytometry in aquatic microbiology. *Trends Biotechnol*. 28: 416 – 424.

Zhang G. 2013. Foodborne pathogenic bacteria detection: An evaluation of current and developing methods. *Meducator*. 1: 24. (available at https: //journals. mcmaster. ca/meducator/article/view/835).

Zhao, X. , Lin, C. W. , Wang, J. & Oh, D. H. 2014. Advances in rapid detection methods for foodborne pathogens. *J. Microbiol. Biotechnol*. 24: 297 – 312. doi: 10. 4014/jmb. 1310. 10013. PMID: 24375418.

附件 4　文献中的例子

下面的例子来自同行评议的出版物，用于介绍 MRA 的具体方面，努力指导读者如何将本书的成果应用于实践，并说明水管理在果蔬微生物污染中的作用。请读者注意，一些例子中提到了特定国家和价值链背景。这里提供的数据可能不适合对其他背景一概而论。

A4.1　精选新鲜绿叶蔬菜和草药

A4.1.1　加纳（生菜）

A4.1.1.1　背景

Amoah 等（2007）在为他们的案例研究提供背景时，描述了加纳是"一个典型的低收入撒哈拉以南非洲国家，面临着重大的环境卫生挑战。在加纳，新鲜沙拉不是正常饮食的一部分，但已经成为街头、食堂和餐馆提供的城市快餐的一种常见补充。在阿克拉，每天约有 20 万人食用这种补充剂"，使许多阶层的人处于危险之中，包括所有收入阶层、成人和儿童。本文介绍了为解决这一公共卫生问题而进行的研究。

A4.1.1.2　证据和数据收集
从农场对消费者的生菜生产用水现状分析

进行了一项定量微生物风险评估研究（Amoah 等，2007）。支持数据来自阿克拉和库马西的一项研究，以确定城市和城市周边地区的水污染程度，城市中 95% 的生菜都是在这些地区生产的，使用同样的农业方法和存在等量的风险群体。在 2003—2004 年的 12 个月里，来自同一生产基地的生菜样本沿着"从农场到餐桌"的路径进行了耐热（或粪便）大肠菌群和蠕虫卵计数的检测。阿克拉的灌溉水来自排水沟和溪流，库马西的灌溉水来自溪流或靠近浅谷溪流的浅水井。有一两个地方几年来使用自来水。该研究显示：

- 除自来水外，所有取样的灌溉水源的耐热（或粪便）大肠菌群计数都超过了世界卫生组织推荐的 1×10^3 CFU/100 毫升的几何平均计数（Mitchell，1992）。

- 生菜在从农场到零售的不同地点（即农场、批发和零售市场）的耐热（或粪便）大肠菌群计数没有明显差异，无论灌溉水源如何，平均耐热（或粪便）大肠菌群计数都超过了推荐标准（1×10^3 CFU/100 克湿重）。一些生菜在雨季有较高的耐热（或粪便）大肠菌群计数，尽管不同城市使用的水不同。

- 生菜上的蠕虫卵数在 1~6 个/100 克湿重。大多数用污染水灌溉的样品都有较高的蠕虫计数，来自同一原始种群和灌溉水源生菜上的计数在农场和零售之间没有明显的差异。

Amoah 等（2007）认为农场是莴苣污染的主要地点，使用的灌溉水的质量与生菜的污染水平之间有一定的关联。管道水（清洁）灌溉的生菜的病原体水平相对较低，这可能是由于产品被已经污染的土壤所污染。尽管市场卫生条件很差，但在收获后处理环节和市场销售环节，并没有使污染水平增加。

灌溉用水和生菜生产的微生物定量风险评估模型

在收获后处理过程中，采用微生物风险定量模型来确定使用不同水质灌溉生菜的农民和接触灌溉生菜的消费者感染轮状病毒和蛔虫的风险（Seidu 等，2008）。为了量化风险评估模型中的轮状病毒，作者使用了文献资料中已发表的耐热（或粪便）大肠菌群数据报告，并按照 Shuval 等（1997）应用的轮状病毒与耐热（或粪便）大肠菌群的比例为 $1:10^5$，对轮状病毒计数进行转换。Mara 等（2007）也采用了类似的方法，但假设轮状病毒与大肠杆菌的比例为 $1:10^5$。对轮状病毒和蛔虫的可容忍感染风险分别为每人每年 7.7×10^{-4} 和 1×10^{-2}（Keatinge 等，2012）。

作者报告说，农民意外摄入排水或溪流灌溉水，每年感染蛔虫的风险中位数为（$10^{-2} \pm 1$）个对数单位，农民意外摄入农田土壤为 10^0，农民摄入任何灌溉水和受污染的土壤为 10^0。对于使用自来水的农民来说，感染蛔虫的风险非常低（10^{-5}）。对于排水和溪流灌溉的生菜，消费者每年感染蛔虫和轮状病毒的风险分别为 10^0 和 10^{-3}，在收获后的处理过程中，轮状病毒的感染率略有上升。对于管道灌溉的生菜，轮状病毒感染的风险是 10^{-4}，而且没有变化。在收获后的处理过程中，农场土壤污染被认为是最重要的健康危害。

微生物定量风险评估模型的结论

研究认为，为了降低对使用不同质量灌溉水的农民和食用灌溉生菜的消费者的健康风险，需要制定地方指南中的干预措施。这些干预措施可以在短期-中期-长期内实施，并需要考虑到农民和消费者在重复利用不同质量的灌溉水时，可量化的风险接受水平之间的差异。根据可量化的健康风险来制定指南，还可在公共卫生领域的不同利益相关者之间建立富有成效的关系。

产品污染和废水使用的风险因素

2012 年，Antwi-Agyei 等（2015）采用危害分析与关键控制点类型的方法进行了一项研究，确定在加纳阿克拉旱季和雨季食物链产生污染的关键风险因素。从废水灌溉的田地中收集生菜、土壤和灌溉水样本，从当地市场收集生菜和甘蓝，从餐馆采集即食沙拉样本。对采集的样本进行了大肠杆菌计数、人类腺病毒和诺如病毒基因组Ⅰ和基因组Ⅱ的分析。通过观察和访谈评估了与产品微生物质量有关的关键暴露量。以下是与食用沙拉有关的农产品质量和感染风险的主要发现。

- 大肠杆菌：>80%的样本为阳性，中位数为 $0.64\sim3.84$ $\log_{10}$CFU/克。街头小贩准备的沙拉的计数最高（大肠杆菌计数为 4.23 $\log_{10}$CFU/克），超出可接受的卫生限制水平。
- 在不同的暴露模型中，每周食用2~4天的10~51克生菜沙拉，诺如病毒感染风险有所不同，每年患者数在 2.6×10^{-3} 和 0.32 之间，街头食物沙拉模型中的风险最高。
- 灌溉水模型、餐馆和街头食物沙拉模型的估计感染风险都超过了世卫组织指南（Mitchell，1992）。农场和市场中，农产品消费的平均污染风险水平，诺如病毒感染风险略微在可接受风险之内。
- 产生污染的主要风险因素是农场的灌溉水和土壤，农产品的储存时间和市场温度，以及销售前接触到不干净的冲洗水。

作者建议，应在食品链的所有领域解决生产安全风险因素，但是考虑到成本、可操作性和健康意义，把风险防控的重点环节放在市场和厨房会更加有效。

灌溉和土壤的废水中的蠕虫

Amoah 等（2016）进一步评估了加纳用于灌溉的废水和土壤传播蠕虫的发生情况，方法是在雨季和旱季期间测量废水灌溉土壤中传播蠕虫的浓度、农民及其家庭成员和非农民对照组大便中蠕虫卵的实际负荷。灌溉水（每升 $1.38\sim2.05$ 个钩虫卵，每升 $2.62\sim2.82$ 个蛔虫卵）和土壤（每升 $1.67\sim2.01$ 个钩虫卵，每升 $2.90\sim3.70$ 个蛔虫卵）中都发现了蛔虫卵和钩虫卵。一般来说，灌溉水和土壤样品的虫卵浓度在雨季比旱季高。

研究结果表明，灌溉水和土壤中的土传蠕虫浓度与暴露在农民群体粪便中的土传蠕虫卵之间存在正相关关系。与非农民对照组相比，接触灌溉水的农民和家庭成员感染蛔虫［比值比（OR）=3.9，95%累积发病率（CI）为 $1.15\sim13.86$］和钩虫（OR=3.07，95%CI 为 $0.87\sim10.82$）的概率高出了3倍。另外，在雨季期间发现了较高的感染概率。

A4.1.1.3 结论

这个例子展示了基于风险和循证的食品安全风险管理策略的发展，通过提供相关数据支持微生物定量风险评估，以及识别在特定环境下采用风险降低措施的风险因素，持续开展系列研究，进而为灌溉生菜和农民职业保护提供食品安全风险管理策略。

A4.1.2　埃及（生菜）

A4.1.2.1　背景

使用被人类粪便污染的灌溉水可能导致肠道病毒（如人类腺病毒、甲型肝炎病毒、A组轮状病毒和诺如病毒）转移到土壤或种植的蔬菜中（Garcia等，2015）。如果农场工人受到感染且卫生习惯不佳，也可能会使农作物受到污染（Seymour和Appleton，2001；Bosch等，2011）。建议监测农业用水中是否存在粪便指示物，作为对人类粪便病原体潜在风险的衡量指标（第6章）。世卫组织（2017）建议针对特定病原体开展有针对性的定向调查，如疫情调查、研究和流域评估，以锁定污染点源，并提供关于粪便指示菌的额外相关信息，用于风险评估和制定风险管理策略。

A4.1.2.2　证据和数据收集

新鲜果蔬和灌溉水中的肠道病毒调查

2017年9—12月，Shaheen等（2019）使用qPCR检测了埃及曼苏拉和开罗128个新鲜农产品（葱、韭菜、莴苣、水芹）样品，以及用于这些新鲜农产品品种的灌溉水样品中是否存在肠道病毒、人类腺病毒、甲型肝炎病毒、A组轮状病毒和GI型诺如病毒。调查结果包括：

水样（n＝32）

- 27/32（84.3%）至少有一种病毒呈阳性。
- 30/32（94%）的人类腺病毒呈阳性，平均病毒量＝1.5×10^7基因拷贝数（GC）/升。这是水样中最常检测到的病毒，其次是A组轮状病毒〔16/32，50%，平均病毒量＝2.7×10^5基因拷贝数/升（GC/升）、甲型肝炎病毒（11/32，34%，平均病毒量＝1.2×10^4 GC/升）和GI型诺如病毒（10/32，31%，平均病毒量＝3.5×10^3 GC/升〕。

新鲜产品（n＝128）

- 99/128（77.3%）至少有一种病毒呈阳性。
- 71/128（56%）人类腺病毒呈阳性，平均病毒量＝9.8×10^5 GC/克）。这是新鲜农产品中最常检测到的病毒，其次是GI型诺如病毒（43/128，34%，平均病毒量＝4.5×10^3 GC/克）、甲型肝炎病毒（33/128，26%，平均病毒量＝6.4×10^3 GC/克）和A组轮状病毒（25/128，20%，平均病毒量＝1.5×10^4 GC/克）。

A4.1.2.3　结论

Shaheen等（2019）认为，这些病毒在新鲜农产品和地表水样本中的高流行率，可能表明这些病毒在埃及人口中广泛传播。此外，这些病毒出现在地面种植的新鲜农产品上，可能是使用受污染地表水灌溉的结果。在人口和食品供应链中，对这些病毒进行进一步调查是必要的。

A4.1.3　约旦（生菜和番茄）

A4.1.3.1　背景

约旦历来缺水，随着人口增长和气候变化，缺水状况日益恶化（Halalsheh 和 Kassab，2018）。在农业领域，废水处理后回用已成为一种公认的做法，以补充用于粮食生产的有限水资源。由于使用废水处理厂的废水以及农业排水和径流，在种植粮食作物的过程中出现了微生物污染。针对这一问题，有必要实施一项风险管理计划，并要求不同部门和利益相关者之间进行密切协调。

灌溉水的供应根据水的最终用途和作物种类而有所限制。约旦农业部要求对水的使用施加一些限制，约旦水务局也对水资源的使用进行了限制，例如通过签发合同要求处理后的污水只能用于灌溉饲草作物和果树。法律禁止用处理过的废水灌溉生食蔬菜，超过 70% 的废水经过二次处理后被消毒。

2006 年约旦废水使用标准（893/2006）要求对处理后的废水进行水质监测，且必须符合与水的最终用途相对应的标准（Halalsheh 和 Kassab，2018）。该标准规定"水质监测和运营实体都必须按照标准规定的采样频率进行测试"，一旦出现偏差，必须采取纠正措施。

目前用于评估废水处理质量的微生物检测方法是大肠杆菌计数（例如，根据作物类型设定了不同限值），以及线虫卵存在或计数。近期，由于邻国政治动荡造成人口流离失所，流离失所者将未经处理的废水来灌溉生吃的农作物，这成为一个问题。最近，从废水处理厂的废水中采集的一些样本显示，寄生虫虫卵的含量超过了允许的限值（约旦水务局实验室）。因此，废水处理厂被要求投入使用熟化池来清除虫卵。

约旦标准和计量组织正在起草约旦标准 839/2006 的更新版（Halalsheh 和 Kassab，2018），其中考虑了世卫组织的指导方针（世卫组织，2006）。灌溉水无论其来源如何均要受到监管，在灌溉作物过程中的限制程度取决于灌溉水质和灌溉系统。无论处理水平和污水质量如何，都禁止用处理过的污水灌溉烹饪用的蔬菜。

A4.1.3.2　证据和数据收集

调查显示，经过消毒处理的污水正在重新污染下游，这主要是由于集水区的农业排水和径流造成的。由于要对下游水进行管理，因此有必要通过制定新的约旦标准（1766/2014），在国家一级采用世卫组织的指导方针（2006）。在对甘蓝、西葫芦、青椒、番茄和生菜等不同类型的作物进行测试后发现，可在废水处理厂下游采取控制措施，减少农产品中的病原体（Halalsheh 等，2008）。应用滴灌系统、用塑料薄膜覆盖土壤、在收获农产品前 2～3 天停止灌溉等控制措施，被证明是减少农产品微生物污染的有效方法。对于像生菜这样的作物来说，地下灌溉结合在收获前 2 天停止灌溉被证明是有效地减少农产品微生物污染的方法。研究还表明，收获过程中可能发生污染（Halalsheh 等，2018）。这些措施已纳入约旦标准（1766/2014）内；然而，由于缺乏明确的卫生安全计划等，新标准的实施被搁置。

A4. 1. 3. 3   结论

与来自不同相关机构和主管部门进行了一系列圆桌讨论，根据其任务和现有能力界定当局的责任，促进新约旦标准的实施（Halalsheh 和 Kassab，2018）。然而，由于缺乏所需的能力和基础设施，以及小农场众多所带来的复杂性，新标准的实施仍有待时日。下一步工作将包括：

● 在集水区试点"安全管理计划"；

● 强化减少农产品微生物污染的能力，包括从农场到消费的整个生产链；

● 用约旦标准 1766/2014 取代约旦标准 839/2006。

A4. 1. 4   摩洛哥（香菜）

A4. 1. 4. 1   背景

据报道，在摩洛哥，使用污水灌溉农作物的消费者，其蠕虫病发病率高于对照组，而且在市场上的生蔬菜中检测到了蠕虫卵（Hajjami 等，2013）。为此开展了一项研究，以评估废水回用对新鲜蔬菜寄生虫污染的风险（Hajjami 等，2013）。

A4. 1. 4. 2   证据和数据收集

从两家废水处理厂（池塘系统）收集了未经处理的废水和经过处理的废水，并且从附近农田收集了农作物（薄荷、香菜、苜蓿和谷物）和土壤，这些农作物是用处理厂处理过的废水进行灌溉的，对样本进行了蠕虫卵检测。此外，还使用一座废水处理厂的淡水、未处理的废水和处理过的废水进行了田间实验，用于灌溉香菜、欧芹和萝卜。实验结果如下：

● 灌溉水：在未经处理的废水样本（n＝60）和经过处理的废水样本（n＝60）中发现的蠕虫卵的平均浓度分别为每升 8.98 个卵和每升 0.13 个卵。淡水样本（n＝16）的蠕虫卵含量始终为阴性。

● 灌溉作物：50％（35/69）的农田废水灌溉农作物受到蠕虫卵的污染，平均浓度为 8.4 个卵/100 克。

● 在实验研究中，使用未处理的废水和处理过的废水灌溉的农作物上发现的蠕虫卵（包括条虫、蛔虫、弓形虫和蛔虫卵）的平均浓度分别为 35.62 个卵/100 克、9.14 个卵/100 克。用淡水灌溉的农作物上没有发现虫卵。

➢ 蠕虫卵的数量随植物类型、与土壤的亲密程度以及可食用部分与灌溉水的接触程度而变化，例如根茎作物萝卜的蠕虫卵数量高于地上生长的欧芹和香菜。

- 土壤：用未经处理的废水和经过处理的废水灌溉的田地土壤中，蠕虫卵的平均浓度分别为 2 个卵/10 克和 1.67 个卵/10 克，而弓形虫卵的平均浓度分别为 2 个卵/10 克和 1 个卵/10 克。

A4.1.4.3 结论

作者认为，未经处理的废水在农业上回用于生蔬菜，会通过灌溉和田间作物的土壤污染对人类健康造成威胁。建议禁止使用未经处理的废水。

经过处理的废水的污染水平，也未达到世卫组织建议的每升 1 个蠕虫卵的标准（Mitchell，1992）。建议限制其使用，不用于灌溉生食的绿叶蔬菜，消费者应采取消毒措施降低蔬菜的污染水平。

A4.1.5　黎巴嫩（生菜、萝卜、欧芹）

A4.1.5.1　背景

众所周知，黎巴嫩拥有丰富的天然水资源；然而，由于气候变化和地下水过度开采，水供应量正在减少。水是新鲜果蔬微生物污染的主要来源之一。在黎巴嫩，由于缺乏适当的水资源管理政策、监管执法和废水管理，大部分天然水资源都受到未经处理的废水和工业废水的污染（Faour-Klingbeil 和 Todd，2019；Khatib 等，2018；Houri 和 Jeblawi，2007）。例如，在黎巴嫩最大的农业区贝卡谷地，利塔尼河是农场的主要水源，但众所周知，这条河受到了严重的化学和细菌污染。为了提高农业产量，农民们不得不使用未经处理的废水进行灌溉。在黎巴嫩，与新鲜农产品相关的食源性疾病的监测数据非常有限。因此，下文所述 Faour-Klingbeil 等（2016）的这项研究旨在：①确定从农场到贝鲁特中心新鲜果蔬市场微生物危害的风险因素和传播途径；②研究农田和收获后阶段蔬菜和用水的微生物质量；③估计灌溉水和收获后清洗水的微生物质量与溯源至市场的新鲜果蔬的微生物质量之间的关系。

A4.1.5.2　证据和数据收集

蔬菜：在 2013 年 7—8 月和 2014 年 7 月的炎热夏季，从贝卡谷地的 10 个主要农场、2 个农作物清洗设施和贝鲁特的批发市场收集了叶菜和萝卜（n＝90）（Faour-Klingbeil 等，2016）。每种蔬菜都是从同一种植地的不同点取样，检测是否存在病原体和指示生物，即金黄色葡萄球菌、沙门菌、单核细胞增生性酵母菌、总需氧嗜冷细菌、大肠杆菌和总大肠菌群。

水：为进行灌溉和清洗水的微生物评估，对大肠杆菌和总大肠菌群进行了计数。样本从农作物清洗池的不同位置或水井（n＝5，1 升样本）以及溪流中（n＝6，100 毫升样本）采集。

水源：农场的灌溉和收获后的清洗使用非饮用河水。在水源减少的夏季，农民使用私人水井进行灌溉和灌满清洗池。出于经济原因，一些农场将未处理的污水用于灌溉和营养肥料。

蔬菜微生物分析

- 62%的样本总需氧嗜冷细菌计数超过 $6 \log_{10} CFU/$克，几何平均值为 $3.50 \sim 8.39 \log_{10} CFU/$克；

- 69%的样本总大肠菌群计数 $\geqslant 5 \log_{10} CFU/$克，范围为 $1.69 \sim 8.16 \log_{10} CFU/$克；

- 45.5%的样本中检测到大肠杆菌，范围从小于 0.7 到 $7 \log_{10} CFU/$克；

- 在田间和清洗后的 20%样本中分离出了单核细胞增生性酵母菌，但在产品进入市场时已降至 8%；

- 在收获后清洗设施中检测到的沙门菌占 6.7%；

- 从农场到收获后清洗和包装期间，生蔬菜中的总大肠菌群和大肠杆菌数明显增加。市场上的样本中，总大肠菌群和大肠杆菌的数量略有下降，但仍高于采收时的计数。

灌溉和蔬菜清洗水的微生物质量

- 井水和清洗水样本的大肠杆菌平均计数范围分别从 0.7CFU/100 毫升到 135CFU/100 毫升和从 15CFU/100 毫升到 140CFU/100 毫升；

- 总大肠菌群计数太多，无法按每 100 毫升计算；

- 5 个农场用于收获后清洗和农作物灌溉的井水和河水中总大肠菌群和大肠杆菌含量均很高，均大于 100CFU/100 毫升；

- 在 1 个农场，用于清洗池塘的清洗水最初来自井水，未检测到总大肠菌群和大肠杆菌，但后来受到污染，污染程度与附近河水相似。这表明，由于对水质控制不力，缺乏处理以及补水周期问题，这些农场的环境受到了不可接受的污染。

农业用水和清洗水中大肠杆菌数量与新鲜蔬菜上的大肠杆菌数量之间的关系

据报道，新鲜蔬菜上的大肠杆菌数量与农业用水和清洗水的微生物质量之间存在明显关联。回归分析表明，每接触 100 毫升水，新鲜蔬菜上的大肠杆菌数量就会增加 0.799 个菌落形成单位。这些数据表明，在相同的采样地点，农业用水和清洗水的微生物质量可有效预测接触这些水源的新鲜蔬菜的大肠杆菌污染水平。

A4.1.5.3 结论

Faour-Klingbeil 等（2016）研究结果表明，清洗水中的大肠杆菌含量可以有效预测从同一地区采样的清洗蔬菜的微生物污染情况。随着蔬菜从农场到市场的供应链的转移，大肠杆菌和总大肠菌群的数量也在增加；病原微生物污染在食物链的各个阶段都很明显，但在收获后的清洗步骤中污染程度更大。

他们进一步总结道，研究结果强调了根据供应链特征进行风险评估和制定缓解微生物危害策略的重要性。在解决经济困难和缺水问题的同时，有必要采取全面的解决方案，推广适当的废水处理和管理计划、审慎的卫生措施和基于风险的预防控制，以最大限度减少已知的与供应链各阶段用水相关的微生物危害。

A4.1.6　参考文献

Amoah, I. D. , Abubakari, A. , Stenström, T. A. , Abaidoo, R. C. & Seidu, R. 2016. Contribution of wastewater irrigation to soil transmitted helminths infection among vegetable farmers in Kumasi, Ghana. *PLoS Negl. Trop. Dis.* 10：e0005161. doi：10.1371/journal. pntd. 0005161.

Amoah, P. Drechsel, R. C. Abaidoo & Henseler, M. 2007. Irrigated urban vegetable production in Ghana：Pathogen contamination in farms and markets and the consumer risk group. *J. Water Health*. 5：455 - 466.

Antwi-Agyei, P. , Cairncross, S. , Peasey, A. , Price, V. , Bruce, J. , Baker, K. , Moe, C. , Ampofo, J. , Armah, G. & Ensink, J. 2015. A farm to fork risk assessment for the use of wastewater in agriculture in Accra, Ghana. *PLoS ONE* 10：e0142346. doi：10.1371/journal. pone. 0142346.

Bosch, A. , Sabah, B. , Soizick, Lees, D. & Jaykus, L. A. 2011. Norovirus and Hepatitis A virus in shellfish, soft fruits and water. In Hoorfar, J. ed. *Rapid detection, identification, and quantification of foodborne pathogens*, Washington D. C. , American Society for Microbiology.

Faour-Klingbeil, D. , Kuri, V. & Todd E. C. D. 2016. Understanding the routes of contamination of ready-to-eat vegetables in the Middle East. *Food Control*. 62：125 - 133.

Faour-Klingbeil, D. & Todd E. C. D. 2019. Prevention and Control of Foodborne Diseases in Middle-East North African Countries：Review of National Control Systems. *Int. J. Environ. Res. Public Health*. 20：70. doi：10.3390/ijerph17010070.

Garcia, B. C. , Dimasupil, M. A. , Vital, P. G. , Widmer, K. W. & Rivera, W. L. 2015. Fecal contamination in irrigation water and microbial quality of vegetable primary production in urban farms of Metro Manila, Philippines. *J. Environ. Sci. Health*. 50：734 - 743.

Gumbo, J. R. , Malaka, E. M. Odiyo, J. O. & Nare, L. 2010. The health implications of wastewater reuse in vegetable irrigation：A case study from Malamulele, South Africa. *Int. J. Environ. Health Res*. 20：201 - 211.

Hajjami, K. , Ennaji, M. M. , Fouad, S. , Oubrim, N. & Cohen N. 2013. Wastewater reuse for irrigation in Morocco：helminth eggs contamination's level of irrigated crops and sanitary risk (a case study of Settat and Soualem regions). *J. Bacteriol. Parasitol.* 4: 1 – 5. (available at https: //www. longdom. org/open-access/wastewater-reuse-forirrigation-in-morocco-helminth-eggs-contaminations-level-of-irrigated-cropsand-sanitary-risk-2155-9597. 1000163. pdf).

Halalsheh, M. , Abu Ghunmi, L. , Al-Alami, N. & Fayyad, M. 2008. Fate of pathogens in tomato plants and soil irrigated with secondary treated wastewater. Proceedings of international IWA conference on new sanitation concepts and models of governance. May 19-21. Wageningen-The Netherlands.

Halalsheh M. & Kassab G. 2018. Policy and the governance framework for wastewater irrigation: Jordanian Experience. In Hettiarachchi H. , Ardakanian, R. eds. *Safe Use of Wastewater in Agriculture. Springer, Cham.* (available at https: //www. researchgate. net/publication/323659745 _ Policy _ and _ the _ Governance _ Framework _ for _ Wastewater _ Irrigation _ Jordanian _ Experience).

Halalsheh, M. , Kassab, G. , Shatanawi, K. & Shareef, M. 2018. Development of sanitation safety plans to implement world health organization guidelines: Jordanian experience. Book chapter: Safe use of wastewater in agriculture: from concept to implementation. Springer Nature. ISBN: 978-3-319-74267-0.

Houri, A. & El Jeblawi, S. W. 2007. Water quality assessment of Lebanese coastal rivers during dry season and pollution load into the Mediterranean Sea. *J. Water Health.* 5: 615 – 623.

Keatinge, J. D. H. , Chadha, M. L. , Hughes, J. d'A. , Easdown, W. J. , Holmer, R. J. , Tenkouano, A. , Yang, R. Y. , Mavlyanova, R. , Neave, S. , Afari-Sefa, V. , Luther, G. , Ravishankar, M. , Ojiewo, C. , Belarmino, M. , Ebert, A. , Wang, J. F. & Lin L. J. 2012. Vegetable gardens and their impact on the attainment of the Millennium Development Goals. *Biological Agriculture and Horticulture.* 28 (2): 71 – 85.

Khatib, J. M. Baydoun. , S. & El Kordi, A. 2018. Water pollution and urbanisation trends in Lebanon: Litani River Basin case study: Science and Management. In S. M. Charlesworth &. Booth, C. A. eds. *Urban Pollution.* New Jersey. John Wiley. doi: 10. 1002/9781119260493. ch30.

Mara, D. D. , Sleigh, P. A. , Blumenthal, U. J. & Carr, R. M. 2007. Health risks in wastewater irrigation: comparing estimates from quantitative microbial risk analyses and epidemiological studies. *J. Water Health.* 5: 39 – 50.

Mitchell, R. 1992. Health guidelines for the use of wastewater in agriculture and aquaculture: Report of a WHO Scientific Group, Technical Report Series No. 778, World Health Organization, Geneva, 1989. *Resour. Conserv. Recycl.* 6: 169.

Seidu, R. , A. Heistad, P. Amoah, P. Drechsel, P. D. Jenssen, & T. -A. Strenstrom. 2008. Quantification of the health risk associated with wastewater reuse in Accra, Ghana: a contribution toward local guidelines. *J. Water Health.* 6: 461 – 471.

Seymour, I. J. & Appleton, H. 2001. Foodborne viruses and fresh produce. *J. Appl. Microbiol.* 91: 759 – 773.

Shaheen, M. N. F., Elmahdy, E. M. & Chawla-Sarkar, M. 2019. Quantitative PCR-based identification of enteric viruses contaminating fresh produce and surface water used for irrigation in Egypt. *Environ Sci. Pollut. Res. Int.* 26: 21619 – 21628.

Shuval, H., Lampert, Y. & Fattal, B. 1997. Development of a risk assessment approach for evaluating wastewater reuse standards for agriculture. *Water Sci. Technol.* 35: 15 – 20.

Vierheilig, J., Frick, C., Mayer, R. E., Kirschner, A. K., Reischer, G. H., Derx, J., Mach, R. L., Sommer, R., & Farnleitner, A. H. 2013. *Clostridium perfringens* is not suitable for the indication of fecal pollution from ruminant wildlife but is associated with excreta from nonherbivorous animals and human sewage. *Appl. Environ. Microbiol.* 79: 5089 – 5092.

WHO. 2006. WHO Guidelines for the safe use of wastewater, excreta and greywater. Volumes 1 – 4. (available at https: //www. who. int/water _ sanitation _ health/sanitation-waste/wastewater/wastewater-publications/en/).

WHO. 2017. WHO Guidelines for drinking-water quality: fourth edition incorporating the first Addendum. Geneva: World Health Organization. (available at https: //www. who. int/publications/i/item/9789241549950).

A4. 2　浆果

A4. 2. 1　背景

在全球多个国家，各种本地和进口浆果都与病毒性胃肠炎的暴发有关（Palumbo 等，2013）。为此，许多国家都在努力制定保护消费者免受浆果传播病毒性疾病影响的风险管理策略。在制定风险管理策略的过程中开展了流行病学调查、观察和实验研究以及微生物调查等活动，以确定病毒的来源、传播途径以及控制点。风险管理策略涉及水质管理和使用，以及其他控制措施。本书举例说明了不同国家解决这一问题的方法。

A4. 2. 2　证据和数据收集

A4. 2. 2. 1　欧洲

在欧洲开展了一项跨国研究，调查人类肠道病毒造成浆果污染的途径（Kokkinos 等，2017；Maunula 等，2013）。在芬兰、波兰、塞尔维亚和捷克共和国的农场中，采集了 785 个有关整个浆果食物链的样本，包括灌溉水、食物处理人员的手拭子、农场厕所的拭子、动物粪便、加工厂传送带和农场销售点的草莓和覆盆子（Maunula，2013）。一组人类和动物病毒的 RT-qPCR（逆转录实时定量聚合酶链式反应）程序，用于检测病毒病原体和进行病毒来源追踪（见第7章），具体如下：

- 人类致病病毒（诺如病毒、GI型诺如病毒、GII型诺如病毒和甲型肝炎病毒）。
- 用于人类和动物来源追踪的指数病毒（人类腺病毒、猪腺病毒和牛多瘤病毒）。
- 人畜共患病毒（戊型肝炎病毒）。

  报告了以下结果：

  浆果产量

- 在56个灌溉水样本中，检测到3.6％（2/56）的GII型诺如病毒（用于浆果的喷灌和滴灌）；任何样本中都未检测到甲型肝炎病毒。
- 来源追踪。在灌溉水中检测到9.5％人类腺病毒，在食物处理工人的手上检测到5.8％人类腺病毒，在厕所检测到9.1％人类腺病毒，表明有人类粪便来源。

  浆果加工

- 在冷冻覆盆子上检测到2.6％戊型肝炎病毒。
- 来源追踪。在食品处理工人的手上检测到2.0％人类腺病毒，在新鲜覆盆子中检测到0.7％人类腺病毒、在冷冻覆盆子中检测到3.2％人类腺病毒、在新鲜草莓中检测到2.0％人类腺病毒，表明有人类粪便来源。
- 在一个水样中检测到猪腺病毒和牛多瘤病毒，新鲜浆果（5.7％）和冷冻浆果（1.3％）中检测到猪腺病毒，表明有动物粪便来源。
- 食物处理工人的手被确认为另一个重要的污染源。

  对于灌溉水（n=108），在芬兰、捷克共和国、塞尔维亚和波兰的5个莓果农场进行了进一步的研究（Kokkinos等，2017）。报告了以下结果：

- 在56个样本中检测到3.6％的GII型诺如病毒。未检测到甲型肝炎病毒、戊型肝炎病毒或GI型诺如病毒。
- 检测到人类腺病毒8.3％（9/108）、猪腺病毒4.5％（4/89）和牛多瘤病毒1.1％（1/89），这是粪便污染的证据。
- 研究中包括农场使用地下水和地表水作为灌溉水源，地下水是一个常见的污染源（2/56）。

  结论

  这些研究有助于深入了解浆果在食物链中的病毒污染情况、潜在的污染点和传播载体。在这些国家的浆果生产和加工过程中，灌溉水和食物处理工人的手都可能是病原病毒的传播媒介，而来源追踪则提供了有用的补充证据，说明潜在的粪便污染是源于人类还是动物，并证明了来源追踪这一工具的实用性。

以上信息对风险管理提出了建议，即应遵循食典准则以及关于使用适当质量灌溉水的规定。

A4. 2. 2. 2　韩国

本节介绍了来自韩国的两项研究，其中监测了新鲜果蔬和各种潜在田间来源中的肠道病毒流行情况，并评估了这些病毒与粪便污染的病毒和细菌指标之间的相关性。

研究 1：对包括草莓和农业环境样本（灌溉水、土壤和工人手套）在内的一系列要素下的人类肠道病毒进行了监测，提供了关于它们的季节性和地域性流行率数据，从而制定风险管理策略（Shin 等，2019）。测试的病毒包括一系列人类肠道病毒病原体（GI 型诺如病毒、GII 型诺如病毒、人类腺病毒、天疱疮病毒、轮状病毒、甲型肝炎病毒），并且雄性特异性大肠杆菌和人类腺病毒被用作人类粪便污染的指标（见第 7 章）。

总体上几乎没有发现污染。值得注意的是，同一农场的草莓样本和工人手套样本均对甲型肝炎病毒呈阳性反应，但均未检测到粪便指示菌。14 个灌溉水样本中有 2 个对诺如病毒（包括 GI 型和 GII 型）呈阳性，56 个样本中有 3 个对大肠杆菌噬菌体呈阳性，不过它们分别来自不同的农场。灌溉水样本既有来自地表水的，也有来自地下水的，但报告并未区分这两种水源。

作者建议使用雄性特异性大肠杆菌噬菌体进行监测，尽管他们的结果显示出不一致，即有时检测到大肠杆菌噬菌体，但未检测到病毒病原体，有时则相反。在这种真实的田间环境中，阳性样本的数量总体较少，限制了分析的进行。不过，测量肠道病毒比直接测量病原体更容易，并且这是一种基于培养的方法。

研究 2：每月对 3 个农场的生蔬菜（尽管没有浆果）和灌溉地下水样本进行监测，以确定病毒污染的流行情况及灌溉水作为污染源的作用（Cheong 等，2009）。通过 RT-PCR 检测是否存在肠道病毒（诺如病毒、肠道病毒、腺病毒、轮状病毒），以及总大肠菌群、耐热大肠菌群和肠球菌。对检测到的病毒菌株进行了测序，以进一步追踪潜在的污染源。

在检测的 29 个地下水样本中，17％的样本对肠道病毒呈阳性反应，10％的蔬菜样本对肠道病毒呈阳性反应。地下水样本对肠道病毒和传染性腺病毒呈阳性反应，而蔬菜样本对 GII 型诺如病毒和传染性腺病毒呈阳性反应。

总体而言，结果表明地下水中的总大肠菌群、耐热（或粪便）大肠菌群和肠球菌含量低于建议水平，并且与病毒的分子检测没有相关性。地下水中的病毒的检测率（5/29；17％）高于肠球菌（4/29；14％），肠球菌通常用于评估地下水的微生物质量。序列分析表明，分离出的菌株与病毒的参考菌株或临床菌株关系密切。

A4.2.3　其他国家的浆果例子

除上述示例外，本书作者还查阅了来自澳大利亚（Torok 等，2019）、捷克共和国（Dziedzinska 等，2018）和意大利（Purpari 等，2019）的相关研究。Jacxsens 等（2017）和 Bouwknegt 等（2015）进行了关于草莓中诺如病毒污染的微生物风险定量评估研究。

A4.2.4　结论

这个示例的关键信息如下：

- 微生物监测和来源追踪可深入了解新鲜果蔬链中的病原体来源和传播途径，并提供用于风险评估和风险管理决策的数据，例如农场用水和环境污染以及人类污染。
- 例如，虽然灌溉水可能是污染的潜在来源，但一些研究强调，通过食物处理工人以及收获后施用杀虫剂造成了更严重的病毒污染。
- 作为粪便污染的病毒指标，如分子标记物，能有效区分动物和人类污染源，并与用相同方法测量的病毒病原体有很好的相关性。
- 雄性特异性大肠杆菌噬菌体的使用则不太一致，病原体的存在有时与指标不一致。
- 细菌指标的问题更大，与病毒病原体的存在并没有显示出一致的相关性。

A4.2.5　参考文献

Bouwknegt, M. , Verhaelen, K. , Rzezutka, A. , Kozyra, I. , Maunula, L. , von Bonsdorff, C. , Vantarakis, A. , Kokkinos, P. , Petrovic, T. , Lazic, S. , Pavlik, I. , Vasickova, P. , Willems, K. A. , Havelaar, A. H. , Rutjes, S. A. & de Roda Husman, A. M. 2015. Quantitative farm-to-fork risk assessment model for norovirus and hepatitis A virus in European leafy green vegetable and berry fruit supply chains. *Int. J. Food Microbiol*. 198：50 – 58.

Cheong, S. , Lee, C. , Song, S. W. , Choi, W. C. , Lee, C. H. & Kim, S. J. 2009. Enteric viruses in raw vegetables and groundwater used for irrigation in South Korea. *Appl. Environ. Microbiol*. 75：7745 – 51. doi：10.1128/AEM.01629 – 09. Epub 2009 Oct 23. PMID：19854919；PMCID：PMC2794108.

Dziedzinska, R. , Vasickova, P. , Hrdy, J. , Slany, M. , Babak, V. & Moravkova, M. 2018. Foodborne bacterial, viral and protozoan pathogens in field and market strawberries and environment of strawberry farms. *J. Food Sci*. 83：3069 – 3075.

Jacxsens, L. , Stals, A. , De Keuckelaere, A. , Deliens, B. , Rajkovic, A. & Uyttendaele, M. 2017. Quantitative farm-to-fork human norovirus exposure assessment of individually quick frozen raspberries and raspberry puree. *Int. J. Food Microbiol*. 242：88 – 97.

Kokkinos, P., Kozyra, I., Lazic, S., Söderberg, K. et al. 2017. Virological quality of irrigation water in leafy green vegetables and berry fruits production chains. *Food Environ. Virol*. 9：72 - 78. https：//doi. org/10. 1007/s12560 - 016 - 9264 - 2.

Maunula, L., A. Kaupke, P. Vasickova, K. et al. 2013. Tracing enteric viruses in the European berry fruit supply chain. *Int. J. Food Microbiol*. 167：177 - 185.

Palumbo, M., Harris, L. J. & M. D. Danyluk, M. D. 2013. Outbreaks of foodborne illness associated with common berries，1983 through May 2013. Report number：FSHN13-08. Food Science and Human Nutrition Department，Florida Cooperative Extension Service，Institute of Food and Agricultural Sciences，University of Florida. (available at https：// edis. ifas. ufl. edu/fs232).

Purpari, G., Macaluso, G., Di Bella, S., Gucciardi, F., Mira, F., Di Marco, P., Lastra, A., Petersen, E., La Rosa, G. & Guercio, A. 2019. Molecular characterization of human enteric viruses in food，water samples，and surface swabs in Sicily. *Int. J. Infect. Dis*. 80：66 - 72.

Shin, H. Park, H., Seo, D. J., Jung, S., Yeo, D., Wang, S., Park, K. H. & Choi, C. 2019. *Foodborne Pathog. Dis*. 16：411 - 420. http：//doi. org/10. 1089/fpd. 2018. 2580.

Torok, V. A., Hodgson, K. R., Jolley, J., Turnbull, A. & McLeod, C. 2019. Estimating risk associated with human norovirus and hepatitis A virus in fresh Australian leafy greens and berries at retail. *Int. J. Food Microbiol*. 309：108327. https：//doi. org/10. 1016/ j. ijfoodmicro. 2019. 108327.

Verhaelen, K., Bouwknegt, M., Carratalà, A., Lodder - Verschoor, F., Diez - Valcarce, M., Rodríguez - Lázaro, D., de Roda Husman, A. M. & Rutjes, S. A. 2013. Virus transfer proportions between gloved fingertips, soft berries and lettuce and associated health risks. *Internat. J. Food Microbiol*. 166：419 - 425. https：//doi. org/10. 1016/j. ijfoodmicro. 2013. 07. 025.

A4.3 胡萝卜

A4.3.1 背景

本示例总结了针对胡萝卜的健康风险评估和风险管理策略的制定方法。胡萝卜是一种生食的根茎作物。

A4.3.2 证据和数据收集

A4.3.2.1 生产

新鲜胡萝卜的主要生产加工步骤见图1。简而言之，商业化生产是在露天田地里进行的，主要投入包括灌溉水（通常通过喷灌机输送）、农药喷洒（使用高架喷雾器）和有机肥料（例如粪肥）。胡萝卜可采用人工或机械收获，除非用于设备清洁，收获时通常不使用水。不过，收获后可能会立即在田间进行初步的产品清洗，这样的话可能需要用水，但这种做法在中大规模生产中并不常见。收获后，根据季节和地区的不同，例如通过水冷却或在旋转滚筒中将胡萝卜与 4℃ 的水接触等方式来去除田间热量。然后，对胡萝卜会有一个主要的清洗步骤，例如在大型水槽中，借助洗涤器去除泥土和碎屑。在某些生产链中，清洁、除土和清洗步骤是分开的，依次进行多个清洗和抛光步骤，所有这些步骤都可能涉及喷水或浸水。在最后的清洗或抛光后，胡萝卜被分类和包装。此外，水通常用于清洁采摘后的设备和容器，以及清洁设施（例如地板、接触和非接触表面），因此存在交叉污染的可能性。流程可能因国家和经营规模而异，因此并非每个生产链都有所有步骤。总体而言，除非对胡萝卜进行进一步加工，如去皮、切丝或磨碎，或制成小胡萝卜，否则加工过程与鲜切加工类似，只是少了切割步骤。

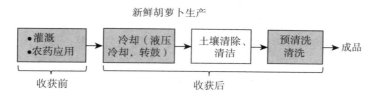

图 1　胡萝卜生产中从收获前到零售的主要处理和加工步骤

注：涉及水的步骤以灰色突出显示。

A4. 3. 2. 2　流行病学证据

根据美国疾病控制与预防中心（United States of America Center for Disease Control）报告的保守估计，在 1998—2017 年，有 40 起食源性疾病暴发，849 人患病、22 人住院，但无与胡萝卜（包括胡萝卜汁和胡萝卜丝等胡萝卜制品）有关的死亡病例（美国疾病控制与预防中心，2020）。疫情涉及的食品包括胡萝卜等多成分的食品（如沙拉），具体的病原体载体尚不清楚，这些食品可能在生产和食品服务过程中受到污染（Erickson，2010）。在美国最常见的病原体是诺如病毒（20%），但疫情暴发也与枯草杆菌、沙门菌、沙波病毒（SaV）、肉毒杆菌、志贺菌和金黄色葡萄球菌有关（美国疾病控制与预防中心，2020）。2004 年芬兰的学校食堂暴发了一起假性结核分枝杆菌和红斑痤疮（53 例疾病），该事件可直接追溯到"劣质"胡萝卜和一个生产设施，产品和设施的长期冷藏可能促进了假性结核分枝杆菌的生长（Rimhanen-Finne 等，2009）。2005 年，丹麦暴发一起人隐孢子虫病感染事件（99 个病例），可能是由于一名患者交叉污染了一个沙拉吧，包括用于清洗新鲜果蔬的水盆（Ethelberg 等，2009）。2007 年，加拿大一家公司生产的包装沙拉中含有小胡萝卜，导致 4 人感染志贺菌而患病（加拿大卫生部，2007）。2018 年，美国暴发两起环孢子虫疫情，与新鲜蔬菜托盘和沙拉有关，两者都包含胡萝卜，但没有发现任何特定蔬菜是污染媒介（Casillas 等，2018；Hadjiloukas 和 Tsaltas，2020）。美国暴发的另一起环孢子虫疫情与含胡萝卜的混合沙拉有关，发生于 2020 年（Hadjiloukas 和 Tsaltas，2020）。

A4.3.2.3 胡萝卜生产过程中的微生物动态

在生产过程中，由于微生物污染物的引入、交叉污染以及在此未明确考虑的微生物潜在增长和死亡过程，胡萝卜的微生物质量可能会有所变化。图 2 显示了对生产链中潜在微生物的动态定性评估。

农产品收获时的微生物质量主要取决于田地投入品的微生物质量，如灌溉和喷洒农药的水、有机肥料（如果使用）和土壤污染等，以及其他可能的污染源（例如野生动物、洪水、灰尘、工人）。使用受污染的水清洗收获工具和容器，可能会成为在接触过程中造成产品污染或交叉污染的媒介。

所有中间加工步骤都有可能减少病原体水平，并通过交叉污染重新传播病原体。涉及水接触的步骤有可能造成污染。在加工过程中，设施内可能会发生与水相关的间接交叉污染，例如清洁地板和设备的水（接触表面和非接触表面溅出的水）。清洗或抛光是包装前的最后步骤，因此可能会显著影响最终产品的微生物质量。

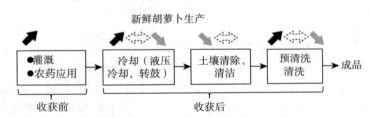

图 2　胡萝卜生产链上主要微生物动态的定性评估

注：黑色箭头代表可能引入污染的过程。灰色箭头代表可减少微生物负载的过程。虚线箭头：交叉污染的可能性。不包括由于抗菌处理而导致的生长和死亡。图中未明确描述的生产环境的额外污染输入也是可能的。

胡萝卜（整根、去皮或切丝）的一些特性会影响与水传播微生物的相互作用。由于胡萝卜是根茎类作物，其上部根茎和叶片会接触到灌溉水，如果灌溉水受到污染，会导致胡萝卜的微生物污染（Armon 等，1994；Okafo 等，2003）。通过土壤、添加剂或灌溉水引入胡萝卜田的细菌致病体可以在胡萝卜上存活 100 天以上（Ingham 等，2004；Islam 等，2004，2005）。在收获过程中，土壤和水可能会附着在根部，并被输送到生产设施中。胡萝卜皮的形状、粗糙度和表面形貌，以及"毛发"的存在，都可以提供土壤和微生物附着区域，使其免受清洗剂和消毒剂的作用（Burnett 和 Beuchat，2001）。去皮可以减少或消除因附着微生物而造成的风险；不过，应避免通过设备造成交叉污染。

在（预）清洗水中可能发生交叉污染。未找到关于胡萝卜清洗过程中交叉污染可能性和程度的数据。在预洗涤（或水冷却）阶段，胡萝卜上存在的土壤残留物和可能的有机物，可能会降低氯消毒剂的效力（如果添加的话）。尚未发现病原体从表面（湿或干）转移到胡萝卜或从胡萝卜转移出去的数据。在洗涤但未削皮的胡萝卜上观察到了人类致病体（Määttä 等，2013；Erickson，2010），这表明商业洗涤可能无法消除病原体。与未去皮的胡萝卜相比，病原体对去皮或切丝胡萝卜的附着程度可能不同。据观察，与未切开的甘蓝相比，切开的甘蓝中观察到较高的李斯特菌属附着率（Ells 和 Hansen，2006）。此外，切开或切丝的胡萝卜会释放出可能支持细菌生长的汁液（Abadias 等，2012；Gleeson 和 O'Beirne，2005）。

A4. 3. 2. 4   输入水的适用性要求

收获前。如何定义收获前水的"适用性"是相对于与其他下游生产步骤以及其他收获前输入而言的（见附件 4.3.1）。在上一次 JEMRA 会议上构建了一个简单的风险矩阵，以支持新鲜农产品灌溉水的 MRA 设置，并在数据匮乏的情况下使用（见 2019 粮农组织和世卫组织微生物风险评估系列第 33 号会议报告中的图 2）。根据现有指南，开发了一个更复杂的决策树，包括水和其他收获前过程，以指导后续风险降低措施的选择（见 2019 粮农组织和世卫组织微生物风险评估系列第 33 号会议报告中的图 3）。

收获后。由于冷却水和清洗水直接与原材料接触，消费前没有进一步的风险降低步骤，以及该产品通常是生吃的，因此收获后步骤可能带来的风险在很大程度上取决于输入水的微生物质量，这将额外增加在处理步骤开始时已经存在的风险。附件 4.3.3 介绍了通过浸泡在水中以及来自加工区域接触面和环境源的交叉污染述。交叉污染过程虽然难以定性，但不容忽视，并应在基于风险管理方法加以考虑（Maffei 等，2017）。

关于新鲜果蔬的法典指南将清洁水定义为"在其使用情况下不损害食品安全的水"（粮农组织和世卫组织，2017）。因此，为了使这个定义可操作，在水处理阶段可接受的病原体数量，取决于在这一阶段产品上存在的病原体水平、潜在的病原体转移，以及后续步骤，特别是最后的清洗步骤可降低的病原体水平。例如，在冷却和清洗过程中可能使多个病原体转移，因为病原体可能由水引入，如果胡萝卜被污染，胡萝卜上的病原体水平也可能因清洗而下降，病原体可以通过水介导的交叉污染从一个生产单元转移到另一个生产单元。此外，通过微生物杀灭处理也可以降低水中的病原体水平。当然，对输入水风险的接受度也取决于最终产品可接受的风险水平。

食品法典委员会的《新鲜果蔬健康生产指南》（粮农组织和世卫组织，2017）推荐了一些在输入水阶段的水质标准或降低风险措施，但在如何落到具体操作实施层面仍存在一定距离：

- 水冷、去土或预清洗：根据食品法典委员会指南，去土、水冷和预清洗步骤，是唯一可以使用非饮用水的步骤，但前提是水必须符合相应适用标准（粮农组织和世卫组织，2017）。预清洗水（为简单起见，在最后清洗前的用水步骤在此被视为一个步骤）的适用质量应等于或优于产品水平。等于或优于的操作性定义需要通过风险评估或定量微生物风险评估来确定。

- 清洗：在下游环节，胡萝卜最后会用饮用水来清洗或抛光，可能会用到消毒剂，这是风险降低的最后一步。因为如果直接生吃，在食用前不会再有其他关键控制点。必须根据风险（如通过风险评估或定量微生物风险评估方法）来确定病原体减少的程度。如果可用于清洗的水源不符合饮用水标准，则应采取风险降低措施，使水质达到饮用水标准（世卫组织，2006）。见微生物风险评估系列第 33 号会议报告表 3 中的风险降低措施 RR6（粮农组织和世卫组织，2019）。

- 交叉污染：如果存在交叉污染可能性，特别是在没有采取任何降低下游风险措施的情况下，应采取措施尽量减少交叉污染（粮农组织和世卫组织，2017）。见微生物风险评估系列第 33 号会议报告表 3 中的参考文献 B 和 RR6（粮农组织和世卫组织，2019）。例如，对于清洗过程中，以水为媒介产生的交叉污染，应使水中保持足够的消毒剂浓度，以灭活病原体（见清洗步骤）。对于设施的交叉污染（例如水飞溅、用具和表面），应使用危害分析与关键控制点计划中必备的卫生操作程序（粮农组织和世卫组织，2017）。

现有的世卫组织指南为如何根据既定的卫生目标或假定值进行风险评估计算提供了模板（世卫组织，2016）。

A4.3.2.5　确定水冷或预清洗的适用性

定量微生物风险评估方法可用于确定在水冷或预清洗等步骤中水的适用标准（第 4 章），同时也为后续改进留有余地。为确定适用性标准，本节提供了一个定量框架建议。

首先，为了进行基于风险的计算，应制定一个模型处理流程图。这里，以一个简单的流程图为例说明这种方法，这一简单的流程图只包括预清洗步骤和最后的清洗步骤。第一个计算，旨在确定一种或多种病原体的预清洗步骤中可接受的适用微生物水质标准。我们以一种典型的细菌病原体（如耶尔森菌）为例，也可适应于其他病原体。计算可以首先按确定性算法进行，然后根据参数的可变性和不确定性再加以改进。需要定义要包含的关键过程和变量（表 6）。

表 6　确定胡萝卜预清洗适用性水质标准所涉及的关键变量或过程

变量或过程	单位或参数说明
入厂产品上的浓度	CFU/克（或其他适当单位）
从预清洗水转移到生产过程	转移率（或对数转移率）
预清洗减少	产品上 CFU/克的对数减少量
预清洗时水介导的交叉污染	度量标准可能会发生变化，例如浓度分布的变化，或转移率的变化
预清洗前消毒剂的影响	CFU/100 毫升在水中的减少量（动态过程）
在最后清洗步骤中的对数减少	产品上 CFU/克的对数减少

可以计算每个与微生物相关的程序对农产品上病原体水平的潜在影响，并将每一程序的影响进行加减或以其他方式适当结合，来估算其累积效应。作为一个简化的例子，产品在进入预清洗步骤时可能带有 P log CFU/克，进入预洗环节，可能由于清洗效果（是否使用消毒剂）减少 X log CFU/克，而病原体从清洗水到产品的转移可能以转移系数 T（以 log 计）发生。从水中转移相关的新增病原体负荷（农产品上的浓度）为 $T \times W$，其中 W 为水中病原体浓度。在这一步结束时的产物浓度 C 将为：$C = P + (T \times W) - X$（均以 log CFU/克表示）。这只是一个简单例子，在现实中，这些过程是动态的且相互作用的，通常处于不稳定状态。理想情况下，可以提供实验数据量化不同条件下的清洗和水介导转移的联合效应。结合实验数据的物理或工程模型，动态模拟不同时间、不同输入和系统设置下的多个并发过程，例如病原体从产品转移到水、从水转移到产品，以及因水处理或水的流入流出而产生的病原体死亡或清除。然后，可以简化动态模型结果，以便纳入基于风险的计算，如水浓度随时间变化波动的概率分布。需要对任何简化假设的有效性和影响进行评估。

然后，可以将预清洗结束时产品上的病原体水平估算结果，与在最后清洗步骤中可以合理预期的对数下降情况进行比较。例如，如果用饮用水清洗可以产生的减少量为 0.5 log CFU/克，在同意最终产品的平均浓度为 0 CFU/克的情况下，则进入清洗步骤的产品上的病原体水平最多为 0.5 log CFU/克。如果计算消费者在最后一次清洗后食用胡萝卜的风险，同样的道理也成立。产品在消费时估算的病原体水平与规定的食品安全目标之间有任何差异，都需要通过提高预清洗水的质量或改变其他工艺参数来调整解决。在计算中应考虑概率因素，以考虑参数的变化和不确定性，也可以考虑安全缓冲区。如果预洗水水质是唯一要改变的参数，上述算法可以在优化算法中运行，以计算可靠的符合食品安全目标的最小预清洗水质量和最大可接受的风险水平（或 ALOP），即考虑的处理步骤的水质为"适用"。

由于针对不同病原体的处理方式和食品安全目标可能不同，可以对多个关键病原体重复采用上述基于风险的方法，并选择降低风险的干预措施，如预清洗水处理，以满足减少多种危害的健康目标。此外，由于胡萝卜加工链因地区和最终产品而不同，该模式应适应具体的生产环境，并考虑到有关国家的卫生健康目标或可接受风险水平。

A4.3.2.6 支持适用水标准确定的科学证据

虽然有一些数据可用来评估胡萝卜供应链中的适用水标准，但还存在显著差距，其中一些差距是其他新鲜果蔬共同面临的。需要进一步的科学证据，最好是定量的，来支持冷却或"中间清洗"水的适用性测定。包括：

- 灌溉用水：①即食根茎类作物的水-产品转移的最新情况（从水到土壤到根），以及土壤类型的功能；②在不同深度土壤中的持久性；③对不同水源中不同病原体的发生和水平进行审查和更新，特别是数据缺口，例如，蠕虫和原生动物；④在采收后没有任何处理步骤的感染和疾病证据。
- 转移：在不同的处理过程中，病原体从水转移到产品上（即水质和其他处理参数函数的对数增加）。
- 交叉污染：水槽中的交叉污染（如浓度分布情况的变化），在旋转桶中和其他处理步骤中产生的交叉污染。
- 产品形状和大小对清洗效果、转移和微生物附着（包括是否存在小的侧根，是否去除绿色枝叶等）可能性的影响。
- 多个步骤的影响：在多个用水步骤中，水的适用性标准是如何变化的？直到倒数第二个步骤，即在最后一次清洗前，多个步骤之间是如何互补的？
- 聚集：未被去除的土壤团块可能会导致更高的病原体浓度。胡萝卜上的土壤团块是否比其他新鲜农产品上的要多？
- 产品质量的作用。切割对新鲜果蔬的影响，如果存在腐败微生物，切块会使新鲜果蔬更容易受到病原体转移、附着和内生污染。
- 储存、消费者处理和其他在农产品市场及上市后的处理步骤，对细菌病原体生存或生长的影响。

A4.3.3 总结

在新鲜胡萝卜的生产过程中，许多步骤都易受到微生物污染。已经有记录显示暴发过细菌性病原体和寄生虫问题，还有可能出现病毒和蠕虫污染。胡萝卜在收获前和收获后的多个阶段都会用到水，而且水通常会与原料产品直接接触。本章提出了一种基于风险的概念性定量方法，以说明在清洗步骤中可能会发生的多种微生物过程及其影响。总的来说，在大多数与水有关的处理阶段都已制定了指南，这些指南通常是各种新鲜果蔬共用，但在进行定量微生物风险评估时，实际所需数据和指南实施策略方面存在差距。

A4.3.4 参考文献

Abadias, M., Alegre, I., Oliveira, M., Altisent, R. & Viñas, I. 2012. Growth potential of *Escherichia coli* O157：H7 on fresh-cut fruits (melon and pineapple) and vegetables (carrot and escarole) stored under different conditions. *Food Control*. 27：37 – 44.

Armon, R., Dosoretz, C. G., Azov, Y. & Shelef, G. 1994. Residual contamination of crops irrigated with effluent of different qualities：a field study. *Water Sci. Technol*. 30：239 – 248.

Burnett, S. L. & Beuchat, L. R. 2001. Human pathogens associated with raw produce and unpasteurized juices, and difficulties in decontamination. *J. Ind. Microbiol. Biotechnol*. 27：104 – 110. doi：10. 1038/sj. jim. 7000199.

Casillas, S. M., Bennett, C. & Straily, A. 2018. Notes from the field：Multiple cyclosporiasis outbreaks-Unites States, 2018. *MMWR Morb. Mortal. Wkly. Rep.* 67：1101 – 1102.

CDC (Centers for Disease Control and Prevention). 2020. National Outbreak Reporting System. (available at https：//wwwn. cdc. gov/norsdashboard/).

Ells, T. C. & Hansen, L. T. 2006. Strain and growth temperature influence *Listeria* spp. attachment to intact and cut cabbage. *Int. J. Food Microbiol*. 111：34 – 42.

Erickson, M. C. 2010. Microbial risks associated with cabbage, carrots, celery, onions, and deli salads made with these produce items. *Comp. Rev. Food Sci. Food Safety*. 9：602 – 619. doi：10. 1111/j. 1541 – 4337. 2010. 00129. x.

Ethelberg, S., Lisby, M., Vestergaard, L., Enemark, H., Olsen, K., Stensvold, C. R., Nielson, H. V., Porsbo, L. J., Plesner, A. -M. & Mølbak, K. 2009. A foodborne outbreak of *Cryptosporidium hominis* infection. *Epidemiol. Infect*. 137：348 – 356. doi：10. 1017/S0950268808001817.

FAO & WHO. 2014. Codex Alimentarius. Principles and guidelines for the conduct of microbiological risk assessment. CAC/GL 30 – 1999. Rome, FAO.

FAO & WHO. 2017. Codex Alimentarius. Code of hygienic practice for fresh fruits and vegetables. CXC 53 – 2003. Rome, FAO.

FAO & WHO. 2019. Safety and quality of water used in food production and processing-Meeting report. Microbiological Risk Assessment Series no. 33. Rome.

Gleeson, E. & O'Beirne, D. 2005. Effects of process severity on survival and growth of *Escherichia coli* and *Listeria innocua* on minimally processed vegetables. *Food Control*. 16：677 – 685.

Hadjiloukas, A. & Tsaltas, D. 2020. *Cyclospora Cayetanensis*-major outbreaks from ready to eat fresh fruits and vegetables. *Foods*. 9：1703 – 1719.

Health Canada. 2007. Updated-health hazard alert. Los Angeles salad company baby carrots may contain *Shigella* bacteria. (available at https：//www. canada. ca/en/news/archive/

2007/08/updated-health-hazard-alert-los-angeles-salad-company-babycarrots-may-contain-shigella-bacteria. html).

Ingham, S. C. , Losinski, J. A. , Andrews, P. , Breuer, J. E. , Breuer, J. R. , Wood, T. M. , Wright & T. H. 2004. *Escherichia coli* contamination of vegetables grown in soils fertilized with noncomposted bovine manure: garden – scale studies. *Appl. Environ. Microbiol.* 70: 6420 – 6427.

Islam, M. , Doyle, M. P. , Phatak, S. C. , Millner, P. & Jiang, X. 2005. Survival of *Escherichia coli* O157∶H7 in soil and on carrots and onions grown in fields treated with contaminated manure composts or irrigation water. *Food Microbiol.* 22: 63 – 70.

Islam, M. , Morgan, J. , Doyle, M. P. , Phatak, S. C. , Millner, P. & Jiang, X. 2004. Fate of *Salmonella enterica* serovar Typhimurium on carrots and radishes grown in fields treated with contaminated manure composts or irrigation water. *Appl. Environ. Microbiol.* 70: 2497 – 2502.

Määttä, J. , Mlehto, M. , Kuisma, R. , Kymäläinen, H. -R. & Mäki, M. 2013. Microbiological quality of fresh-cut carrots and process waters. *J. Food Prot.* 76: 1240 – 1244. doi: https://doi. org/10. 4315/0362-028X. JFP-12-550.

Maffei, D. F. , Sant'Ana, A. S. , Franco, B. D. & Schaffner, D. W. 2017. Quantitative assessment of the impact of cross-contamination during the washing step of ready to-eat leafy greens on the risk of illness caused by *Salmonella*. *Food Res. Int.* 92: 106 – 112. doi: 10. 1016/j. foodres. 2016. 12. 014. Epub 2016 Dec 28. PMID: 28290287.

Okafo, C. N. , Umoh, V. J & Galadima, M. 2003. Occurrence of pathogens on vegetables harvested from soils irrigated with contaminated streams. *Sci. Total Environ.* 311: 49 – 56.

Rimhanen-Finne. , R. , Niskanen, T. , Hallanvuo, S. , Makary, P. , Haukka, K. , Pajunen, S. , Siitonen, A. , Pöyry, H. , J. Ollgren, J. & Kuusi, M. 2009. *Yersinia pseudotuberculosis* causing a large outbreak associated with carrots in Finland, 2006. *Epidemiol. Infect.* 137: 342 – 347. doi: 10. 1017/S0950268807000155.

USA FDA. 2008. Guidance for industry: Guide to minimize microbial food safety hazards for fresh fruits and vegetables. (available at https://www. fda. gov/Food/GuidanceRegulation/GuidanceDocumentsRegulatoryInformation/ucm064458. htm).

WHO. 2006. A guide to healthy food markets. (available at https://www. who. int/food-safety/publications/capacity/healthymarket _ guide. pdf? ua=1).

WHO. 2008. Using human waste safely for livelihoods, food production and health. Second information kit: The guidelines for the safe use of wastewater, excreta and greywater in agriculture and aquaculture WHO-FAO-IDRC-IWMI, Geneva. (available at http://www. who. int/water _ sanitation _ health/publications/human _ waste/en/).

WHO. 2016. Quantitative microbial risk assessment. Application for water safety management. Updated November 2016. (available at https://www. who. int/publications/i/item/9789241565370).

A4.4　瓜类

A4.4.1　背景

本研究中提到的瓜类包括哈密瓜、蜜瓜、西瓜和各种类型瓜。通过介绍两个例子来展示瓜类生产中用水安全的风险管理方法。研究突出重点是，将积累证据、制定适用方法、使用微生物测试，以及主报告中提出的测试标准结合起来。第一项研究总结了 JEMRA 作为食品法典委员会（风险管理者）顾问在制定国际瓜类食品法典指南时的工作。第二项研究关注美国对其瓜类产业制定的指导方针和法规。

A4.4.2　食品法典委员会

在为食品法典委员会起草的基于公共卫生关注水平和对贸易的负面影响的新鲜果蔬风险概况中，瓜类排名第二，仅次于叶菜和草药。随后，JEMRA 在 2011 年进行了一次磋商，并向食品法典委员会提供了一份关于食品安全危害和瓜类的科学建议报告（粮农组织，2011）。

JEMRA 指出了瓜类生产过程中水安全质量和用水的关键点。

A4.4.2.1　流行病学证据

从 1950 年到 2011 年 5 月，发现了 85 起由瓜类引发的疫情，主要发生在北美。最常见的病原体是肠道沙门菌（47.1%）、诺如病毒（22.4%）、大肠杆菌 O157：H7（5.9%）、空肠杆菌（3.5%）、宋内志贺菌（2.4%）、单核增生李斯特菌、环孢子虫，以及疑似金黄色葡萄球菌和蜡样芽孢杆菌的组合。已确定的主要原因包括交叉污染、瓜类清洗不彻底、食品操作人员受感染、卫生条件差和瓜类保存温度控制不严。

A4.4.2.2　瓜类的特征、微生物相互作用和风险管理

瓜类外皮特征影响着微生物在其表面的附着，并对微生物起到一定庇护作用。哈密瓜，也被称为岩瓜，它的果皮上有蜡质和高度疏水的表面基质，增强了对微生物的附着力，并在清洗和消毒时为微生物提供了保护。

食源性细菌病原体可以在瓜皮和瓜肉上存活和生长。实验表明，微生物可以渗入瓜蔓根部和果实。通过植物生长而进行的渗透过程是短暂的，更重要的渗透是在收获后对整个果实的渗透。水和任何微生物的转移（如果存在），可以在整个哈密瓜表皮发生。当瓜浸泡在水中时会产生负温差，经由水的微生物转移可以通过物理损伤或害虫造成的伤口，以及裂口、地斑和茎痕等发生。

A4.4.2.3　用水和微生物污染水平定量数据

JEMRA 专家承认，就水作为瓜类病原体来源时的作用，以及就病原体存

在与水质目标的关系建立科学证据时存在局限性，由于可分析的数据有限，病原体流行率低和浓度低会导致方法不敏感，并可能会限制开展有效调查（第6、8章）。水中和瓜上的肠道病原体及粪便指示菌的流行率和水平可能非常低，并且是间歇性的，分布也不均匀，所有这些都会限制调查，从而会导致依赖实验研究推断。例如，Castillo 等（2004）对 6 个哈密瓜农场的哈密瓜、水和环境样本中的大肠杆菌计数和沙门菌检测之间的关系进行了统计分析。然而，他们无法得出大肠杆菌是一种可靠的粪便指示菌的结论，因为计数低，样本中很少能检测到大肠杆菌，从而无法进行可靠分析（表7）。

表7　从美国哈密瓜农场收集的灌溉水样本中分离出的沙门菌和大肠杆菌的频率

水样来源及用途	阳性样本数/分析总数（%）[①]	
	沙门菌	大肠杆菌
灌溉水（如河流、含水层或地下水）	9/70（12.8）	19/70（27.1）
过滤前	0/5（0）	4/5（80.0）
过滤后	0/5（0）	1/5（20.0）
用于灌溉或包装前在包装棚内冲洗产品的水库水	1/15（6.7）	2/15（13.3）
通过滴灌器或灌溉渠道输送到田地里的灌溉水	2/25（8.0）	4/25（16.0）
从用于灌溉的田间管道中取样的水	1/20（5）	2/20（10.0）
合计	13/140（9.2）	32/140（22.8）

资料来源：改编自 Castillo 等，2004。
①同一指标后面各列的总百分比值没有显著差异（$P>0.05$）。

灌溉

Duffy 等（2005）利用沙门菌和大肠杆菌的存在数据，确定了哈密瓜和灌溉水污染的风险因素（表8）。他们没有发现相应数值或这些参数之间的关系，尽管他们引用了 Geldreich 和 Bordner（1971）的观点，发现当不同河流中粪便大肠菌群密度超过 1 000CFU/100 毫升时，沙门菌的发生率几乎达到 100%。

表8　美国得克萨斯州灌溉水和哈密瓜田间的沙门菌流行率、大肠杆菌流行率和计数

样本来源	阳性样本数/分析总数（%）		大肠杆菌平均计数（log CFU/100 毫升）
	沙门菌	大肠杆菌	
灌溉用水	16/170（9.4）	67/179（39.4）	0.4±0.5
田间的哈密瓜	0/100（0.0）	13/100（13.0）	2.2±0.8

资料来源：Duffy 等，2005。

　　灌溉用水可以成为病原体进入藤蔓、水果或根系的载体，灌溉水的使用方法是造成土壤和水果污染的风险因素。实验中，在种植环节，将肠道沙门菌通过沟和滴灌系统大量引入土壤中，虽然在收获时没有在藤蔓或果实中检测到，但在生长季节会导致土壤污染（Suslow 等，2010），从而使大雨期间，通过沟渠灌溉的水果果皮受到污染。

　　瓜类的灌溉用水在源头、地表、维护不善的水井、灌溉渠以及蓄水池中，都可能会受到粪便指示菌和肠道沙门菌的污染（Duffy 等，2005；Castillo 等，2004；Gagliardi 等，2003）。例如，在哈密瓜农场中：

　　Duffy 等（2005）：

- 在灌溉水源中检测到大肠杆菌（179 例中占 39.4％），井水（10/10）、沟渠（15/20）、水库（15/30）和土渠（15/30），平均计数为 $0.4 \log_{10}$ CFU/毫升。井水和水库水的大肠杆菌平均计数最高，为（0.7 ± 0.3）和（1.0 ± 0.7）$\log_{10}$ CFU/毫升。
- 如灌溉渠采用水泥结构，其污染程度明显低于泥渠。
- 灌溉水样中有 16/170（9.4％）检测出肠道沙门菌，来源多为水库、泥渠、沟渠、水泥渠。而在井或河流灌溉水中没有阳性。

　　Castillo 等（2004）：

- 在 6 个农场的灌溉水源中检测到肠道沙门菌（12％）和大肠杆菌（23％）。
- 阳性样本主要来自一个使用灌溉渠水的农场，而其他农场则使用井水或池塘水。
- 当把大肠杆菌作为评估灌溉水中潜在的粪便指示菌时，如果在检测大肠杆菌时获取的计数低或样品数量少，就会导致数据分析不可靠。

　　JEMRA 专家指出，当使用基因指纹进行研究时，在灌溉用水中检测到的肠道沙门菌血清与瓜上的血清，与在加工过程中的清洗用水和瓜上的血清之间的关系可能不同（Duffy 等，2005；Castillo 等，2004）。这也反映了上述方法可能不具有灵敏性。

冷却

　　当水力冷却器的水控制得不好时，可能会有大量的粪便指示菌，并使哈密瓜皮受到高达 $3.4 \log_{10}$ CFU/克的污染（Gagliardi 等，2003）。

清洗和消毒

　　在一些研究中发现，哈密瓜上的病原体（肠杆菌）被引入，哈密瓜上的需氧菌（Akins 等，2008）、大肠杆菌（Duffy 等，2005；Castillo 等，2004）、耐热（或粪便）大肠菌群和粪便肠球菌（Gagliardi 等，2003）的数量在收获前和收获后都会有所增加。目前还不能确定是否在加工过程从网状的果皮中释放出细菌，还是受病原体污染引入程度影响，或者两者都涉及（Duffy 等，2005）。

A4.4.2.4　结论

- 网纹瓜可以助长微生物污染；消除污染是非常困难的，如果暴露在受污染的水中，人类病原体可能会渗透到整个瓜中。
- 哈密瓜加工过程中的大部分污染都可以追溯到初级清洗罐和水冷却器。
- 消毒剂会使微生物数量减少，在消毒后保持所有接触面的清洁和卫生十分重要，否则瓜皮被进一步污染的风险就会增加，而且所使用的任何水都不应成为进一步的污染源。
- 一般来说，消毒剂是通过控制清洗瓜类用水的微生物种群来减少粪便污染的可能性，而不是直接对瓜类进行消毒（Castillo 等，2009；粮农组织和世卫组织，2008）。
- 确定的控制点是在冷却和清洗步骤中，如果没有得到充分的控制，污染就可以发生传播，并有可能使病原体渗透到瓜中，例如，水果和清洗水之间不受控制的温差。
- 这些点的监测工具应包括消毒剂浓度、温度、浊度、pH 等。微生物分析可用于工艺验证。

A4.4.3　美国

A4.4.3.1　流行病学证据

Walsh 等（2014）回顾了 1973—2011 年美国与瓜类有关的突发事件。他们发现，在 34 起由单一瓜类引起的疫情报告中，沙门菌（56%）和诺如病毒（15%）是最常见的病原体，其中哈密瓜在生产期间造成了一半以上的病原体污染。最常见的沙门菌血清型，即 Poona 和 Javian，与爬行动物宿主有关。他们还发现，在收获后，导致瓜污染的因素包括包装棚的卫生条件差、对氯化清洁水的监测不到位、冷却和冷藏做法不当以及设备受到污染。2011 年，在美国多州暴发了严重的李斯特菌病，导致 147 例患病和 33 例死亡，与食用完整哈密瓜有关。与食用预先切开的哈密瓜相比，这种情况发生在未破损的完整水果身上是史无前例的。调查发现，包装车间对李斯特菌的控制不当（美国疾病控制与预防中心，2012）。

A4.4.3.2　瓜类行业指南

为此，根据科学和公共卫生证据、可用的定量数据、行业和监管经验以及多方合作，制定了一系列准则和监管措施，协助生产者制定和实施食品安全风险管理计划。制定了《哈密瓜和网纹瓜的商品特定食品安全指南》，研究认为，这类品种在所有瓜类品种中存在更高的消费者健康风险（美国食品药品监督管理局，2013）。这些指南中涉及的要点与 JEMRA 所确定的要点相似（见4.1）。

在收获前、收获期间和收获后使用的水，建议水质要符合适用要求，或者不应该增加瓜类的污染风险。总之，卫生设计和卫生项目至关重要，以确保瓜类在各环节操作结束后微生物数量不会增加。这是确定在连续操作步骤中适用水标准的关键。饮用水被指定用于在收获后与哈密瓜接触时使用。

A4.4.3.3　水的微生物学试验

在指南（美国食品药品监督管理局，2013）中，微生物检测被认为是评估水质的有用工具，以验证卫生实践的有效性。前提是采样计划和方法是为信息的预期用途而被适当地设计和执行。如果测试不符合安全要求，则需要制定行动计划。本指南总结了收获前和收获后阶段的建议和要点：

收获前

● 农业用水应至少每年进行一次检测（注意，这将在稍后进行调整，以符合如产品《最终规则》等规则）。检测频率取决于水源、预期用水（与哈密瓜的接触程度和距离收获的时间）以及环境污染的风险，包括间歇性或暂时性污染（如大雨、洪水）。经常性开展水质检测可有助于建立评估水质的基线。

● 预防措施包括使用已知和可接受质量的灌溉用水，以及使用不会因直接或间接接触水而造成哈密瓜污染风险增加的灌溉和耕作方法。

● 如果发现水源中检测到指示微生物或病原体，则表明可能存在病原体污染，应采取纠正措施并记录在案，以确保该水源不会成为瓜类的污染源。

收获或收获后

● 与哈密瓜直接或间接接触的水应达到饮用水质量。

● 循环水必须经过消毒处理。

● 任何可能存在于外皮上的病原体都可能减少，但不太可能通过清洗来消除。

● 应控制水 pH（在适合氧化剂的情况下）、消毒剂浓度、土壤负荷、浊度水平、水硬度、产品通过能力和停留或接触时间，如对倾倒罐中的水进行控制和监测，以确保任何抗菌水处理的效果。

A4.4.3.4　监管措施

《食品安全现代化法案（FSMA）农产品安全最终规则》（以下简称《最终规则》）于 2016 年生效。《最终规则》为供人类食用的农产品的种植、采收、包装和贮存提供了标准（美国食品药品监督管理局，2020 年后期更新）。该规则明确规定了在农产品生产过程中必须采取的措施，以防止产生食源性危害的污染，并将适用于瓜类行业指南。

《最终规则》规定了对农产品生产用水质量的监管要求，适用于瓜类。所有可能接触农产品或食品接触面的农业用水（例如，在瓜类收获前和收获后步骤中使用的水）必须达到足够的卫生标准，以满足其预期用途。

建立了两套微生物水质标准，这两套标准都是以一般大肠杆菌来表示是否有粪便污染。

《最终规则》规定：

- 对于某些农业用水，是不允许检测到大肠杆菌的，因为如果存在潜在的危险微生物，则有理由认为其会通过直接或间接接触而转移到农产品上。这方面的例子包括收获期间和收获后的洗手水、用于食品接触表面的水、收获期间或收获后直接接触农产品的水（包括制冰）以及用于发芽灌溉的水。《最终规则》规定，如果检测到一般大肠杆菌，必须立即停止使用此类水，并采取纠正措施，才能重新用于上述各项用途。《最终规则》禁止将未经处理的地表水用于以上用途。

- 第二套数字标准是针对直接用于种植农产品（除芽菜外）的农业用水。这些标准基于两个数值，即几何平均值和统计阈值。

本文总结了在制定这些标准时所应用的科学原理，摘要如下，可通过以下网址获取：https：//www. fda. gov/files/food/published/FSMA-Final-Rule-for-Produce-Safety—How-Did-FDA-Establish-Requirements-for-Water-Quality-and-Testing-of-Irigation-Water-PDF. pdf。

水质监管标准的目标是理解和描述水源和水分配系统（美国食品药品监督管理局，2020）。在回顾一系列科学文献后，在人类和动物的肠道中发现的大肠杆菌被认为是粪便存在的一致指标。在评估农业用水安全性时，确定粪便污染被认为是很重要的；粪便污染的增加与致病性微生物存在的可能性的增加相吻合。

作为定义数字标准的起点，我们考虑了美国环保局基于最近人类流行病学研究的娱乐用水标准（见第6.4节）。科学证据表明，人类会因吞咽被粪便污染的娱乐用水而生病。其他技术资料也被考虑在内，例如世卫组织水安全信息资源（世卫组织，2017）、关于灌溉后微生物死亡和微生物去除的数据，以及关于农产品生长的独特环境的建议。

对于未经处理的水，必须满足《最终规则》中概述的两个标准：

- 每100毫升水中一般大肠杆菌含量小于等于样品的几何平均值126 CFU。
- 每100毫升水中，一般大肠杆菌的统计阈值小于等于410 CFU。

这两个标准强调了水源中一般大肠杆菌分布的两种视角：

- 几何平均值测量的是水源中一般大肠杆菌的集中趋势或平均数量。
- 统计阈值代表了大肠杆菌水平的变化量。例如，可能发生在暴雨中，并测量水源地与平均值的预期偏差。

利用这两个标准，监管机构提出了一个更完整的水质描述，可以解释在自然界的水源中发生的大肠杆菌水平的变化。这意味着农场将不必因为自然界发生的小的水质波动而停止使用其水源。

考虑到不同地区、商品和农业实践之间的潜在差异，在遵守《最终规则》方面，也提供了一些灵活性（美国食品药品监督管理局，2020）。如果未达到所要求的标准，可以采取纠正措施，例如：

- 应用特定的滞留时间"让潜在的危险微生物有时间死亡，例如在最后一次灌溉和收获之间（最多 4 天）或在收获和储存结束之间"。或者，农场可以对暴露农产品进行商业清洗等方式，使对数值减少。
- "重新检查该农场控制下的整个受影响的农业供水系统，并通过其他步骤做出改变，以确保其水质符合标准"。
- "水处理"。

农场也可以使用替代水质标准，如果它们可以被科学证明"提供与《最终规则》相同水平的公共卫生保护，并且不会增加产品风险或其他掺假的可能性"（美国食品药品监督管理局，2020）。

根据《最终规则》，美国食品药品监督管理局对未经处理的地表水和地下水的检测方案有所不同，因为地表水更易受到污染，而且大肠杆菌水平的变化可能更大。这些措施包括：

- 地表水检测包括，在 2～4 年内收集至少 20 个初始样本，之后每年至少收集 5 个样本。因此，微生物水质概况将每年使用至少 20 个样本进行滚动更新。几何平均值和统计阈值的计算将基于 5 个新样本和 15 个最新的早期样本。
- 地下水测试将需要在一年内至少采集 4 个初始样本，之后每年至少采集 1 个新样本。有关文件将每年更新一次，至少使用最新的 4 个样本。

A4.4.4 总结

在美国的研究提供了一个关于瓜类特别是哈密瓜用水安全标准发展的案例，这被归因于美国不断上升的疾病发生率。随着时间推移，关于使用"质量足以满足预期目的"或"适用"的水的建议变得更加具体，监管工作也在不断改进，目前用来进行水质评估和相关指标的抽样计划和标准，都是基于将大肠杆菌作为粪便污染指标，其严格程度取决于水源和预期用途。这些标准是利用公共卫生数据、风险评估、水和环境中病原体的行为（生长和生存）知识以及农产品的特殊性来确定的，并由所有利益相关者合作制定。

A4.4.5 参考文献

Akins, E. D., Harrison, M. A. & Hurst, W. 2008. Washing practices on the microflora on Georgia grown cantaloupes. *J. Food Prot.* 71：46 - 51.

Castillo, A., Mercado, I., Lucia, L. M., Martínez-Ruiz, Y., Ponce De León, J., Murano, E. A. & Acuff, G. R. 2004. *Salmonella* contamination during production of cantaloupe：A binational study. *J. Food Prot.* 67: 713 - 720.

CDC. 2012. Multistate outbreak of listeriosis linked to whole cantaloupes from Jensen Farms, Colorado (FINAL UPDATE). (available at https: //www. cdc. gov/listeria/outbreaks/ cantaloupes-jensen-farms/index. html).

Duffy, E. A. , Lucia, L. M. , Kells, J. M. , Castillo, A. , Pillai, S. D. & Acuff, G. R. 2005. Concentrations of *Escherichia coli* and genetic diversity and antibiotic resistance profiling of *Salmonella* isolated from irrigation water, packing shed equipment, and fresh produce in Texas. *J. Food Prot.* 68: 70 - 79.

FAO. 2011. Microbiological hazards and melons. Report prepared for: Codex Committee on Food Hygiene Working Group on the development of an Annex on melons for the Code of Hygienic Practice for Fresh Fruits and Vegetables (CAC/RCP 53 - 2003) (June 2011). (available at http: //www. fao. org/3/au623e/au623e. pdf).

FAO & WHO. 2008. Microbiological hazards in fresh leafy vegetables and herbs: Meeting report. Microbiological Risk Assessment Series 14. FAO/WHO, Rome.

FAO & WHO. 2017. Codex Alimentarius. Code of hygienic practice for fresh fruits and vegetables. CXC 53 - 2003. Rome, FAO.

Gagliardi, J. V. , Millner, P. D. , Lester, G. & Ingram, D. 2003. On-farm and post-harvest processing sources of bacterial contamination to melon rinds. *J. Food Prot.* 66: 82 - 87.

Geldreich, E. E. & R. H. Bordner. 1971. Fecal contamination of fruits and vegetables during cultivation and processing for market: a review. *J. Milk Food Technol.* 34: 184 - 195.

Suslow, T. Sbodio, A. , Lopez, G. , Wei, P. & Tan, K. H. 2010. Melon food safety: 2010 Final Report. California Melon Research Board (cited 09/05/11). Cited by FAO, 2011.

USA FDA (United States Food and Drug Administration). 2013. NATIONAL Commodity-Specific Food Safety Guidelines for Cantaloupes and Netted Melons March 29, 2013 Version 1. 1. (available at https: //www. fda. gov/food/food-safetymodernization-act-fsma/case-study-food-safety-guidelines-cantaloupes).

USA FDA. (last update) 2020. FSMA Final Rule on Produce Safety Standards for the Growing, Harvesting, Packing, and Holding of Produce for Human Consumption (available at https: //www. fda. gov/food/food-safety-modernization-act-fsma/fsma-final-rule-produce-safety).

Walsh, K. A. , Bennett, S. D. , Mahovic, M. & Gould, L. H. 2014. Outbreaks associated with cantaloupe, watermelon, and honeydew in the United States, 1973 - 2011. *Foodborne Pathog. Dis.* 11: 945 - 952. doi: 10. 1089/fpd. 2014. 1812.

WHO. 2017. WHO Guidelines for Drinking-Water Quality: fourth edition incorporating the first Addendum. Geneva: World Health Organization; 2017. (available at https: // www. who. int/publications/i/item/9789241549950).

附件 5　粮农组织和世卫组织微生物风险评估系列

1　Risk assessments of *Salmonella* in eggs and broiler chickens：Interpretative Summary，2002

2　Risk assessments of *Salmonella* in eggs and broiler chickens，2002

3　Hazard characterization for pathogens in food and water：Guidelines，2003

4　Risk assessment of *Listeria monocytogenes* in ready-to-eat foods：Interpretative Summary，2004

5　Risk assessment of *Listeria monocytogenes* in ready-to-eat foods：Technical Report，2004

6　*Enterobacter sakazakii* and microorganisms in powdered infant formula：Meeting Report，2004

7　Exposure assessment of microbiological hazards in food：Guidelines，2008

8　Risk assessment of *Vibrio vulnificus* in raw oysters：Interpretative Summary and Technical Report，2005

9　Risk assessment of choleragenic *Vibrio cholerae* O1 and O139 in warm-water shrimp in international trade：Interpretative Summary and Technical Report，2005

10　*Enterobacter sakazakii* and *Salmonella* in powdered infant formula：Meeting Report，2006

11　Risk assessment of *Campylobacter* spp. in broiler chickens：Interpretative Summary，2008

12　Risk assessment of *Campylobacter* spp. in broiler chickens：Technical Report，2008

13　Viruses in food：Scientific Advice to Support Risk Management Activities：Meeting Report，2008

14　Microbiological hazards in fresh leafy vegetables and herbs：Meeting Report，2008

15　*Enterobacter sakazakii* (*Cronobacter* spp.) in powdered follow-up formula：Meeting Report，2008

16　Risk assessment of *Vibrio parahaemolyticus* in seafood：Interpretative

Summary and Technical Report，2011

17 Risk characterization of microbiological hazards in food：Guidelines，2009.

18 Enterohaemorrhagic *Escherichia coli* in raw beef and beef products：approaches for the provision of scientific advice：Meeting Report，2010

19 *Salmonella* and *Campylobacter* in chicken meat：Meeting Report，2009

20 Risk assessment tools for *Vibrio parahaemolyticus* and *Vibrio vulnificus associated with seafood*：*Meeting Report*，2020

21 *Salmonella* spp. In bivalve molluscs：Risk Assessment and Meeting Report，In press

22 Selection and application of methods for the detection and enumeration of human pathogenic halophilic Vibrio spp. in seafood：Guidance，2016

23 Multicriteria-based ranking for risk management of food-borne parasites，2014

24 Statistical aspects of microbiological criteria related to foods：A risk managers guide，2016

25 Risk-based examples and approach for control of *Trichinella* spp. and *Taenia saginata in meat*：*Meeting Report*，2020

26 Ranking of low moisture foods in support of microbiological risk management：Meeting Report and Systematic Review，In press

27 Microbiological hazards associated with spices and dried aromatic herbs：Meeting Report，In press

28 Microbial safety of lipid based ready-to-use foods for management of moderate acute malnutrition and severe acute malnutrition：First meeting report，2016

29 Microbial safety of lipid based ready-to-use foods for management of moderate acute malnutrition and severe acute malnutrition：Second meeting report，2021

30 Interventions for the control of non-typhoidal *Salmonella* spp. in Beef and Pork：Meeting Report and Systematic Review，2016

31 Shiga toxin-producing *Escherichia coli* （STEC） and food：attribution，characterization，and monitoring，2018

32 Attributing illness caused by Shiga toxin-producing *Escherichia coli* (STEC) to specific foods，2019

33 Safety and quality of water used in food production and processing，2019

34 Foodborne antimicrobial resistance：Role of the environment，crops and biocides，2019

35 Advance in science and risk assessment tools for *Vibrio parahaemolyticus* and *V. vulnificus associated with seafood*: *Meeting report*，2021

36 Microbiological risk assessment guidance for food：Guidance，2021

37 Safety and quality of water used with fresh fruits and vegetables，2021

图书在版编目（CIP）数据

新鲜果蔬用水的安全和质量／联合国粮食及农业组
织，世界卫生组织编著；戴业明等译 . —北京：中国
农业出版社，2023.12
（FAO中文出版计划项目丛书）
ISBN 978-7-109-31925-7

Ⅰ.①新… Ⅱ.①联… ②世… ③戴… Ⅲ.①果树园
艺－灌溉－用水管理②蔬菜园艺－灌溉－用水管理 Ⅳ.
①S607

中国国家版本馆 CIP 数据核字（2024）第 088005 号

著作权合同登记号：图字 01－2023－4024 号

新鲜果蔬用水的安全和质量
XINXIAN GUOSHU YONGSHUI DE ANQUAN HE ZHILIANG

中国农业出版社出版
地址：北京市朝阳区麦子店街 18 号楼
邮编：100125
责任编辑：郑　君
版式设计：王　晨　　责任校对：张雯婷
印刷：北京通州皇家印刷厂
版次：2023 年 12 月第 1 版
印次：2023 年 12 月北京第 1 次印刷
发行：新华书店北京发行所
开本：700mm×1000mm　1/16
印张：7.75
字数：150 千字
定价：68.00 元